Grenzen der Wissenschaft

Springer
Berlin
Heidelberg
New York
Barcelona
Hongkong
London
Mailand
Paris
Singapur
Tokio

Alan F. Chalmers

Grenzen der
Wissenschaft

Herausgegeben und übersetzt von
Niels Bergemann und Christine Altstötter-Gleich

 Springer

Herausgeber und Übersetzer

Dr. med. Dipl.-Psych. Niels Bergemann
Psychiatrische Universitätsklinik Heidelberg
Voßstraße 4
D-69115 Heidelberg

Dr. phil. Christine Altstötter-Gleich
Universität Landau
Fachbereich Psychologie
Im Fort 7
D-76829 Landau i. d. Pfalz

Titel der englischen Originalausgabe:
A. F. Chalmers, Science and its Fabrication
© Open University Press, Buckingham, Great Britain, 1990
"This edition is published by arrangement with Open University Press, Milton Keynes".

ISBN 3-540-65842-4 Springer-Verlag Berlin Heidelberg New York

Die Deutsche Bibliothek – CIP-Einheitsaufnahme
Chalmers, Alan F.: Grenzen der Wissenschaft / Alan F. Chalmers. Hrsg.: Niels Bergemann; Christine Altstötter-Gleich. Aus dem Engl. übers. von Niels Bergemann; Christine Altstötter-Gleich. – Berlin; Heidelberg; New York; Barcelona; Hongkong; London; Mailand; Paris; Singapur; Tokio: Springer, 1999
    ISBN 3-540-65842-4

© Springer-Verlag Berlin Heidelberg 1999
Printed in Germany

Umschlaggestaltung: Erich Kirchner, Heidelberg

SPIN 10727222   42/2202-5 4 3 2 1 0 – Gedruckt auf säurefreiem Papier

Horace: Ich bin heute so früh aufgestanden, weil ich mich entschlossen habe, zu handeln. Dieser Morgen wird seltsame Überraschungen bringen, aber – zu niemandem ein Wort. Wie spät ist es?

Josuah: Zwölf Uhr, Monsieur Horace, auf die Sekunde.

Jean Anouilh: Einladung ins Schloß
oder die Kunst, das Spiel zu spielen

Inhalt

Vorwort der Herausgeber

Mit dem hier vorgelegten Band „Grenzen der Wissenschaft" stellt sich Chalmers einer aktuellen wissenschaftstheortischen Debatte, die schlagwortartig unter dem Motto „universelle, ahistorische Maßstäbe und Methoden versus skeptischem Relativismus" zusammengefaßt werden kann.

Wie bereits in seinem ersten Buch „Wege der Wissenschaft" setzt er sich dabei zunächst mit den Grenzen des positivistischen und des falsifikationistischen Ansatzes der Wissenschaftstheorie auseinander. Er zeigt auf, daß der dort formulierte Anspruch, Wissenschaftlichkeit an universellen und ahistorischen Maßstäben zu messen, zum Scheitern verurteilt ist, indem er sich mit den Quellen auseinandersetzt, aus denen geschöpft werden kann, um solche Maßstäbe zu erhalten: der Natur des Menschen und der Geschichte der Physik. Gleichzeitig stellt Chalmers aber auch dar, daß der in neueren Ansätzen der Wissenschaftstheorie vertretene, relativistische Ansatz keine gangbare Alternative darstellt. Er vertritt vielmehr den Standpunkt, daß eine Ablehnung universeller, ahistorischer Maßstäbe und Methoden auf keinen Fall mit der relativistischen Ablehnung jeglicher Maßstäbe verwechselt werden darf.

Als Ausweg aus dem skizzierten Dilemma schlägt Chalmers vor, Maßstäbe zur Beurteilung von Wissenschaft aus deren Zielen abzuleiten. Er spezifiziert in diesem Zusammenhang ein Ziel von Wissenschaft, das ihm (im Gegensatz zu anderen Zielen, wie zum Beispiel individuellen oder gesellschaftlichen) geeignet erscheint, die Grundlage zur Bildung von Maßstäben für die Beurteilung von Wissenschaftlichkeit zu bieten: das Ziel, Wissen durch die Erklärung vorhandener Phänomene zu vermehren und neue Phänomene vorherzusagen. Die Bedeutung anderer Ziele, wie zum Beispiel individueller oder gesellschaftlicher, stellt Chalmers dabei keineswegs in Abrede. Über die Wissenschaftlichkeit eines Ansatzes entscheidet im Rahmen der von ihm skizzierten Strategie der Umfang, in dem er dem Erkenntnisfortschritt dient.

Eine mögliche Kritik an seiner Sichtweise, nämlich daß wissenschaftliche Erkenntnis und damit natürlich auch ihr Fortschreiten untrennbar mit dem Problem der Subjektivität und mangelnden Verläßlichkeit von Beobachtung verbunden sei, sein Ansatz also auch als relativistisch einzustufen wäre, nimmt Chalmers vorweg, indem er sich mit der Rolle der Beobachtung auseinandersetzt. Er zeigt auf, daß Beobachtung nicht zwingenderweise subjektiv sein muß, indem er einer Beobachtung dann Objektivität zuschreibt, wenn die von ihr abgeleiteten Aussagen intersubjektiv durch Routineprozeduren überprüfbar sind und durch diese gestützt werden. Seine Fassung des Begriffs Objektivität grenzt er dabei ab von einer Sichtweise, die Objektivität gleichsetzt mit Gewißheit. Zum Beleg dieser Sichtweise geht er ausführlich auf die Bedeutung der Entwicklung des Teleskops durch Galilei ein.

Darüber hinaus setzt sich Chalmers mit dem Experiment, der gängigsten Methode, Beobachtungsprozesse zu objektivieren und damit zu verläßlichem Erkenntnisgewinn zu gelangen, auseinander. Er weist in diesem Zusammenhang relativistische Positionen kritischer Wissenschaftssoziologen zurück, nach denen nicht-wissenschaftliche, soziale und politische Aspekte für die Aktzeptanz wissenschaftlicher Erkenntnisse bedeutsamer seien als Kriterien der Wissenschaftlichkeit und untermauert seine Sichtweise mit ausgewählten Beispielen. Dabei vertritt er den Standpunkt, daß wissenschaftliche Praxis zwar fehlbar, revidierbar und offen sei und daß sie durchaus von sozialen und politischen Aspekten beeinflußt wird, daß jedoch – zumindest im Bereich der Physik – Versuchsergebnisse weitaus stärker von den Gegebenheiten des untersuchten Gegenstandsbereichs abhängen, als von den Theorien der Forschenden.

Chalmers setzt sich in seinen Ausführungen sowohl mit den wissenschaftstheoretischen Positionen von Karl Popper, Thomas Kuhn, Imre Lakatos und Paul Feyerabend auseinander, als auch mit aktuellen wissenschaftstheoretischen und wissenschaftssoziologischen Positionen neuerer Autoren. Zum Teil unter Bezugnahme auf historische Beispiele zeigt Chalmers auf, wie eine fundierte Verteidigung von Wissenschaft im Sinne eines Mittelwegs zwischen ideologischer Glorifizierung einerseits und radikalem Skeptizismus und pauschaler Zurückweisung andererseits möglich ist. Dabei geht es ihm sowohl um eine angemessene Würdigung wissenschaftlichen Leistungsvermögens als auch um die Klärung der Grenzen der Wissenschaft.

Die deutschsprachige Ausgabe wurde für die bessere praktische Handhabung des Buches um ein Sachregister ergänzt. Ein erster Entwurf der Übersetzung wurde im Rahmen eines Seminars am Institut für Übersetzen und Dolmetschen an der Universität Heidelberg von S. Anschütz, E. Bierwisch, S. Burgos-Vela, C. Franzke, U. Gramm, S. Kaufer, P. Krzisch, U. Schnatmeyer, S. Steenbock und B. Stelling angefertigt. Das endgültige Manuskript wurde von Sabine und Frank Ulrich Rudolph korrekturgelesen. Ihnen allen schulden die Herausgeber der deutschen Ausgabe Dank.

Das Buch ist eine Fortsetzung des Bandes „Wege der Wissenschaft", das in der Originalausgabe mittlerweile in der dritten Auflage vorliegt und in mehr als zehn Sprachen übersetzt wurde. Die Herausgeber wünschen dem vorliegenden Band ein ebenso positives Echo.

Heidelberg und Landau i.d. Pfalz, im März 1999   *Niels Bergemann*
                                                      Christine Altstötter-Gleich

Vorwort

Das vorliegende Buch ist die Fortsetzung des Bandes „Wege der Wissenschaft", in dem die wesentlichen wissenschaftstheoretischen Ansätze und ihre Methoden dargestellt und einer kritischen Prüfung unterzogen wurden. Alternativen zu ihnen wurden dort jedoch nicht detailliert herausgearbeitet. Ich bin zu der Überzeugung gelangt, daß eine solche Ausarbeitung notwendig ist, insbesondere da meine Position – entgegen meiner Absicht – von vielen als radikal skeptisch und als den besonderen, objektiven Status wissenschaftlicher Erkenntnis verneinend aufgefaßt wurde. Der vorliegende Band enthält somit eine Weiterentwicklung meiner Argumentation. Dabei bleibe ich bei der Zurückweisung orthodoxer philosophischer Auslegungen der sogenannten wissenschaftlichen Methode, zeige aber auf, wie dennoch eine qualifizierte Verteidigung von Wissenschaft als objektive Erkenntnis möglich ist. Zweifelsohne werde ich damit die Verachtung vieler Philosophen zu meiner Rechten und Wissenschaftssoziologen zu meiner Linken auf mich ziehen.

An einigen Stellen habe ich mich auf Texte bezogen, die bereits als Aufsätze publiziert wurden: „The Case against a Universal Ahistorical Scientific Method", Bulletin of Science Technology and Society, 5 (1985), S. 555-567 (Kapitel 2); „A Non-Empiricist Account of Experiment", Methodology and Science, 17 (1984), S. 95-114 (Kapitel 3 und 5), „Galileo's Telescopic Observations of Venus and Mars", British Journal for the Philosophy of Science, 36 (1985), S. 175-191 (Kapitel 4); „The Sociology of Knowledge and the Epistemological Status of Science", Thesis Eleven, 21 (1988), S. 82-102 (Kapitel 6). Mein besonderer Dank gilt den Verlagen für die Erlaubnis, die Texte hier erneut zu verwenden.

Mein Dank gilt ebenso Patricia Bower and Veronica Leahy für ihre gründliche und geduldige Bearbeitung der Manuskripte sowie Wal Suchting für seine hilfreiche Kritik.

Alan Chalmers

1

Wissenschaftsphilosophie und Gesellschaft

1.1 Wissenschaftsphilosophie als Politikum

„In der heutigen Zeit genießt Wissenschaft ein hohes Ansehen". Mit diesem Satz beginnt das Buch „Wege der Wissenschaft" (Chalmers, 1999), dessen Fortsetzung der vorliegende Band ist. Fünfzehn Jahre Lehrtätigkeit an einer philosophischen Fakultät einerseits sowie Tendenzen der modernen Philosophie und Soziologie andererseits haben mir deutlich gemacht, wie sehr diese Behauptung einer Modifikation bedarf.

Vielfach wird die Wissenschaft heute als entmenschlichend empfunden, da sie den Menschen, die Gesellschaft und die Natur unangemessenerweise als Objekte behandelt. Die angebliche Neutralität und Wertfreiheit der Wissenschaft erscheint vielen als trügerisch, eine Ansicht, die bestärkt wird durch die immer größere Uneinigkeit unter Experten, die unterschiedliche Standpunkte bezüglich der schwierigen Kontroverse um die Problematik wissenschaftlicher Fakten einnehmen. Die Zerstörung und drohende Vernichtung der Umwelt als Folge des technologischen Fortschritts wird von vielen als der Wissenschaft immanent betrachtet. Manche glauben, daß die philosophische Lehrmeinung nicht weit genug von der repressiven, männlichen Welt der Wissenschaft entfernt sei, und wenden sich entweder dem Mystizismus, Drogen oder der zeitgenössischen französischen Philosophie zu.

Obwohl die Wissenschaft natürlich auch weiterhin großes Ansehen genießt und eine hohe Einschätzung ihrer Möglichkeiten ein wesentlicher Bestandteil unserer heutigen Weltanschauung ist, gibt es zahlreiche kritische Positionen. Die Tatsache, daß Fragen bezüglich des Ansehens der Wissenschaft von politischer Bedeutung sind, ist vielen Wissenschaftsphilosophen und neuerdings auch Wissenschaftssoziologen nicht verborgen geblieben. Imre Lakatos (1982, S. 6) hat die Situation 1973 in einem Radiobeitrag folgendermaßen zusammengefaßt:

„Das Problem der Abgrenzung von Wissenschaft und Pseudowissenschaft hat gewichtige Konsequenzen auch für die Institutionalisierung der Kritik. Die Kopernikanische Theorie wurde 1616 von der katholischen Kirche verdammt, weil sie angeblich pseudowissenschaftlich war. 1820 wurde sie vom Index entfernt, weil da die Kirche zu der Auffassung gelangt war, sie sei durch die Tatsachen bewiesen worden und somit wissenschaftlich geworden. Das Zentralkomitee der Kommunistischen Partei der Sowjetunion erklärte 1949 die Mendelsche Genetik für unwissenschaftlich und schickte ihre Anhänger wie das Akademiemitglied Wawilow in Konzentrationslager und Tod. Nach dem Mord an Wawilow wurde die Mendelsche Genetik rehabilitiert; doch an dem Recht der Partei, darüber zu entscheiden, was Wissenschaft und veröffentlichungswürdig und was Pseudowissenschaft und strafwürdig sei, wurde festgehalten. Das neue liberale Establishment des Westens nimmt sich ebenfalls das Recht, angeblicher Pseudowissenschaft die Redefreiheit vorzuenthalten, wie man im Falle des Streits über Rasse und Intelligenz gesehen hat. Alle diese Urteile beruhten notwendigerweise auf irgendeinem Abgrenzungskriterium. Deshalb ist das Problem der Abgrenzung zwischen Wissenschaft und Pseudowissenschaft kein Scheinproblem von Philosophen am grünen Tisch, sondern hat schwerwiegende ethische und politische Konsequenzen."

Für Lakatos hatte die Wissenschaft einen sehr hohen Stellenwert. Das gleiche gilt für Karl Popper, dem sich Lakatos verpflichtet fühlte. Popper erklärt seine Verteidigung der Rationalität im allgemeinen und der Wissenschaft im besonderen als Versuch, dem „intellektuellen und moralischen Relativismus" entgegenzutreten, den er als „die philosophische Hauptkrankheit unserer Zeit" betrachtet (Popper, 1992, S. 460). Es ist nicht ungewöhnlich, daß diejenigen, die den besonderen Status der Wissenschaft verteidigen, sich gleichzeitig als Verteidiger der Rationalität, der Freiheit und der westlichen Lebensanschauung sehen, denn schließlich „geht es um nicht weniger, als um den zukünftigen Fortschritt unserer Zivilisation" (Theocharis & Psimopoulos, 1987, S. 597).

Paul Feyerabend ist einer der bekannteren Philosophen, die einer solchen Wissenschaftsverehrung ablehnend, ja spöttisch gegenüberstehen. Einigen seiner radikaleren Thesen zufolge, stellt die gängige Auffassung von Wissenschaft nichts weiter als eine Ideologie dar, deren Rolle mit der des Christentums in der westlichen Gesellschaft vor einigen hundert Jahren vergleichbar sei und von der wir befreit werden müssen. Feyerabend (1983) behauptet, daß die moderne Wissenschaft keinerlei Merkmale aufweise, durch die sie von Voodoo oder Astrologie unterschieden werden könne oder ihnen gar überlegen sei. In seinem 1989 erschienenen Buch beschreibt er „Irrwege der Vernunft", wobei er Vernunft als die Form der Rationalität versteht, die jene Philosophen als Merkmal der Wissenschaft voraussetzen, die ihr einen Sonderstatus beimessen.

Während der letzten Jahrzehnte haben Soziologen ihr Augenmerk immer mehr auf die gesellschaftlichen Aspekte der Wissenschaft gerichtet, besonders auf die Prozesse, die an der gesellschaftlichen Verarbeitung wissenschaftlicher Erkenntnisse beteiligt sind. Der damit verbundene Diskurs hat die Mehrzahl der Soziologen dazu veranlaßt, orthodoxe Auffassungen über die Sonderstellung der Wissen-schaft in Frage zu stellen, wobei einige von ihnen ähnliche Positionen wie Feyerabend einnahmen. So verfechten Collins und Cox (1976) explizit einen radikal relativistischen Standpunkt und behaupten, es gebe keinen grundsätzlichen Unterschied zwischen der wissenschaftlichen Methode und der Methode, die Marian Keech und ihre Anhänger zum Nachweis ihrer Kontakte mit Außerirdischen anwenden.

Im folgenden soll versucht werden, die Debatte über den Status der Wissenschaft näher zu beleuchten. Eine ausführliche Untersuchung wissenschaftlicher Praxis macht es erforderlich, sich Feyerabend und den zeitgenössischen Soziologen anzuschließen und einen Großteil der orthodoxen Wissenschaftsphilosophie zu verwerfen. Dennoch möchte ich dem radikalen Relativismus, wie er von jenen Autoren häufig vertreten wird, entgegentreten. Statt dessen soll versucht werden, die Wissenschaft in gewissem Rahmen zu verteidigen, wobei jene Anteile der traditionellen Auffassung von objektiver und wertfreier Wissenschaft betont werden, die meines Erachtens nach wie vor Gültigkeit besitzen. Eine genauere Analyse des Zustandekommens legitimer wissenschaftlicher Erkenntnis soll zeigen, wie diese von pseudowissenschaftlicher Erkenntnis unterschieden werden kann. Im letzten Kapitel wird aufgezeigt, warum die dargestellte Verteidigung des epistemologischen Status der Wissenschaft nicht mit dem Standpunkt gleichgesetzt werden kann, daß Wissenschaft frei von politischen Einflüssen gehalten werden sollte – eine Einstellung, welche die in der Wissenschaft ohnehin innewohnenden politischen Aspekte nicht hinterfragt.

1.2 Der positivistische Ansatz

Zentrales Ziel des in den 20er und 30er Jahren dieses Jahrhunderts in Wien aufgekommenen logischen Positivismus, dessen Einfluß noch heute beträchtlich ist, war die Verteidigung der Wissenschaft und deren Abgrenzung von einem metaphysischen und religiösen Diskurs, den die meisten logischen Positivisten als nichtwissenschaftlichen Unsinn abtaten. Ihr Bestreben richtete sich auf die Erstellung einer allgemeinen Definition oder Charakterisierung von Wissenschaft einschließlich angemessener Methoden zur Erlangung wissenschaftlicher Erkenntnis und Kriterien sowie Richtlinien, nach denen diese bewertet werden können. Mit diesem Instrumentarium sollte Wissenschaft verteidigt und Pseudowissenschaft angefochten werden, indem aufgezeigt wird, inwiefern Wissenschaft dieser allgemeinen Charakterisierung entspricht und Pseudowissenschaft nicht.

Eine Reihe von Aussagen der positivistischen Wissenschaftstheorie sind in den letzten Jahrzehnten verworfen oder radikal modifiziert worden. Dennoch wird

4

vielfach an den positivistischen Grundsätzen der Wissenschaftsverteidigung festgehalten. Unter Philosophen, Wissenschaftlern und anderen ist die Annahme noch immer weit verbreitet, zur Verteidigung von Wissenschaft bedürfe es einer allgemeinen Festlegung der Methoden und Maßstäbe, an die es sich zu halten gelte. Allerdings waren die Positivisten nicht die ersten, die versuchten, eine allgemeingültige Charakterisierung von Wissenschaft vorzunehmen. Francis Bacons „Neues Organon", René Descartes „Abhandlung über die Methode" und Immanuel Kants „Kritik an der reinen Vernunft" sind bedeutende Vorläufer des Bemühens der Positivisten, eine allgemeine Beschreibung der Wissenschaft und ihrer Methoden zu entwickeln.

Die von den zuvor genannten Philosophen gesuchte allgemeine Darstellung der Wissenschaft sollte universell und ahistorisch sein. Universell wurde dabei in dem Sinne verstanden, daß sie für alle wissenschaftlichen Disziplinen gleichermaßen gelten sollte. Die Positivisten suchten zum Beispiel nach einer „einheitlichen Wissenschaftstheorie" (Hanfling, 1981, Kap. 6), die sowohl zur Verteidigung der Physik und der behavioristischen Psychologie, als auch zur Verwerfung von Religion und Metaphysik herangezogen werden kann. Ahistorisch wurde in dem Sinne verstanden, als sie sowohl auf vergangene wie auch auf zeitgenössische und zukünftige Theorien anwendbar sein sollte. Der Einfachheit halber soll hier das Ziel, die Wissenschaft mittels einer universellen, ahistorischen Darstellung ihrer Methoden und Maßstäbe zu verteidigen, als positivistischer Ansatz bezeichnet werden, da gerade dies ein bedeutendes Merkmal des logischen Positivismus war.

Imre Lakatos und Karl Popper sind zwei herausragende Wissenschaftsphilosophen der neueren Zeit, die zwar einen positivistischen Grundansatz vertreten, der Wissenschaftsdefinition der Positivisten aber sehr kritisch gegenüberstehen. Imre Lakatos (1982b, S. 88, 182f.) betrachtet das „Hauptproblem der Wissenschaftstheorie" als „das Problem der Aufstellung *allgemeiner* Bedingungen für die Wissenschaftlichkeit einer Theorie". Er zeigt auf, daß die Lösung dieses Problems „uns einen Leitfaden dafür an die Hand geben [sollte], wann die Anerkennung einer wissenschaftlichen Theorie vernünftig ist und wann nicht", und hoffte, daß sie uns helfen werde, „Gesetze zu formulieren zur Eindämmung ... intellektueller Pollution". Lakatos zog seine Wissenschaftstheorie heran, um die moderne Physik zu verteidigen und den Historischen Materialismus sowie bestimmte Aspekte der modernen Soziologie zu kritisieren. Damit bezog er sich auf den universellen Charakter seiner Wissenschaftstheorie, während ihr ahistorischer Charakter daraus hervorgeht, daß er sowohl der Kopernikanischen als auch der Einsteinschen Revolution Wissenschaftlichkeit zuschrieb. Alan Musgrave (1974a, S. 560) bezeichnet Poppers Heilmittel gegen den Relativismus als „ein Bestehen auf objektiven Standards". Popper (1994, S. 9; 1987, Kap. 29) versuchte, Wissenschaft von Nicht-Wissenschaft durch eine Methode abzugrenzen, die er als charakteristisch für jede Wissenschaft, die Sozialwissenschaft eingeschlossen, ansah.

Es ist nicht ungewöhnlich, daß auch in der Praxis stehende Wissenschaftler ihrer Ansicht Ausdruck verleihen, eine universelle Beschreibung der wissenschaftlichen Methode könnte und sollte für die Verteidigung und Weiterentwicklung von Wissenschaft herangezogen werden. So drängen die beiden zeitgenössischen Physiker Theocharis und Psimopoulos (1987) darauf, daß die Praxis und Verteidigung von Wissenschaft den Rückgriff auf eine adäquate Definition der wissenschaftlichen Methode beinhalten sollte, und sie beklagen, daß in der Praxis stehende Wissenschaftler vielfach keine solche Definition vorweisen können. Sie gehen sogar so weit zu behaupten, daß das, was sie als derzeitige Krise der Wissenschaft bezeichnen, auf dieses Defizit zurückzuführen ist. Andere Wissenschaftler haben den Versuch unternommen, die zeitgenössische Kontroverse über geeignete biologische Klassifikationssysteme dadurch beizulegen, daß sie sich einem „philosophischen Rahmenwerk von Kriterien wissenschaftlicher Theorie und Methode" (Bock, 1973, S. 381) zuwenden, ein Problem, das ihrer Ansicht nach das Wesen der Wissenschaft (Gaffney, 1979, S. 80) betrifft.

Aus der typischen Reaktion auf jene Wissenschaftsphilosophen und -soziologen, die in Abrede stellen, daß die Existenz von universellen, ahistorischen wissenschaftlichen Methoden und Maßstäben Grundlage wissenschaftlichen Arbeitens sei, läßt sich ableiten, wie weit verbreitet und tief verwurzelt die Ansicht ist, die Verteidigung von Wissenschaft müsse dem positivistischen Ansatz folgen. Diese Reaktion scheint von der Annahme herzurühren, daß eine Absage an die Universalität wissenschaftlicher Methoden und Maßstäbe mit einem radikalen Skeptizismus gegenüber der Wissenschaft einhergeht, im Rahmen dessen argumentiert wird, daß keine Wissenschaftstheorie einer anderen überlegen sei, Wissenschaft erkenntnistheoretisch auf einer Stufe mit Astrologie oder Voodoo stehe und die Beurteilung wissenschaftlicher Theorien lediglich eine Ansichts- oder Geschmackssache sei – ein Standpunkt, der durch den Slogan „Anything goes", den Feyerabend (1983, S. 32) ungeschickterweise verwendete, um seine „anarchistische" Wissenschaftstheorie zu charakterisieren, zum Ausdruck gebracht wird. Theocharis und Psimopoulos (1987, S. 597) sind der festen Überzeugung, daß die Verteidigung der Wissenschaft die Heranziehung einer philosophischen Definition der wissenschaftlichen Methode erfordert, und meinen anscheinend, daß diejenigen, die den Studierenden einen anderen Weg vorschlagen, wie ich zum Beispiel, davon abgehalten werden sollten.

„Man mag sich darüber wundern, in wie vielen Universitäten der Welt Pflichtkurse über die Stringenz wissenschaftlicher Methoden angeboten werden. Aber sind sich die Fakultäten derjenigen Universitäten, die Wahlkurse über gegenwärtige Trends der Wissenschaftstheorie anbieten, darüber im klaren, daß viele Dozenten dieser Seminare die wissenschaftliche Methode sabotieren?"

Im nächsten Kapitel will ich versuchen, meine Argumentation gegen den positivistischen Ansatz, den ich für irreführend halte, wenn es darum geht, Wissenschaft zu verteidigen, darzustellen. In den darauffolgenden Kapiteln soll gezeigt

werden, warum die Ablehnung einer universellen Methode keinerlei besorgnis-
erregende Konsequenzen für das universitäre Establishment mit sich bringen muß.

1.3 Historisch kontingente Methoden und Maßstäbe

Die übliche entsetzte Reaktion auf die Ablehnung der Idee einer universellen,
ahistorischen Methode beziehungsweise bestimmter Maßstäbe, nach der dieser
Schritt als eine völlige Absage an die Rationalität verstanden wird, resultiert meiner Meinung nach aus dem Unvermögen, zwischen der Ablehnung unveränderli-
cher und universeller Methoden und Maßstäbe einerseits (was ich zum Beispiel
befürworte) und der Ablehnung jeglicher Methoden und Maßstäbe andererseits
(eine Ansicht, die auch ich ablehne) zu unterscheiden. Wie ich bereits andernorts
formuliert habe (Chalmers, 1986, S. 26): „Es gibt keine allgemeingültige Methode. Es gibt keine allgemeingültigen Standards. Aber es gibt historisch gewach-
sene, kontingente Standards, die erfolgreicher Praxis inne-wohnen. *Anything goes*
trifft in epistemologischer Hinsicht gerade nicht zu". Nicht nur die Anhänger
eines positivistischen Ansatzes machen keine Unterscheidung zwischen absoluten,
universellen Methoden und Maßstäben einerseits und kontingenten, aber verän-
derlichen Methoden und Maßstäben andererseits. Feyerabend (1983, S. 369)
macht einen ähnlichen Fehler, wenn er, nachdem er die orthodoxe Wissenschafts-
beschreibung angreift, die Schlußfolgerung zieht: „Es bleiben ästhetische Urteile,
Geschmacksurteile, metaphysische Vorurteile, religiöse Bedürfnisse, kurz, *es
bleiben unsere subjektiven Wünsche* ..."

   Es stellt sich die Frage, ob ein Rückgriff auf kontingente Maßstäbe – die von
mir vertretene Auffassung – einem skeptischen Relativismus entgegensteht, wie er
zeitweise von Feyerabend und einigen Wissenschaftssoziologen, die weiter unten
diskutiert werden sollen, vertreten wird. Daß diese Frage nicht rückhaltlos bejaht
werden kann, wird aus der üblichen Reaktion der positivistisch orientierten Wissenschaftler gegenüber Positionen wie meiner deutlich. Diese Frage wird zum
Beispiel von Barry Gower (1988) in seiner Kritik einiger meiner früheren Veröf-
fentlichungen aufgegriffen. Wenn bestimmte Maßstäbe erfolgreicher wissenschaftlicher Praxis, wie ich behaupte, inhärent sind, wie kann sie dann von außen
beurteilt werden? Genauer gesagt, wenn zum Beispiel die aristotelische Physik die
Maßstäbe Aristoteles' enthält und die Galileische Physik die Maßstäbe Galileis,
wie kann man dann sagen, daß die Physik des Galilei der des Aristoteles überlegen sei, wie es die Verteidiger der Wissenschaft gerne tun würden? Wenn die
Maßstäbe Aristoteles' angelegt werden, ist die Aristotelische Physik überlegen,
und wenn man die Maßstäbe Galileis anlegt, fällt das Urteil gegenteilig aus. „Tout
comprendre, c'est tout pardonner", faßt Gower (1988, S. 59) die Problematik
zusammen. Benötigt man nicht eine Art übergeordneten Maßstabs, der auf beide
Theorien anwendbar ist, um behaupten zu können, daß die Galileische Physik der
Aristotelischen gegenüber einen Fortschritt darstellt? Und führt uns dies nicht
wieder zu der Forderung nach einer universellen Methode? Analog können meine

Gegner feststellen, daß auch die Astrologie und die Parapsychologie nach bestimmten Methoden vorgehen und daraus schließen, daß meine Ansicht keinen Raum für Kritik derartiger Disziplinen läßt, da ich es ablehne, auf universelle Maßstäbe zur Beurteilung der den jeweiligen Disziplinen inhärenten Methoden und Standards zurückzugreifen, seien sie auch noch so weit von orthodoxer Wissenschaft entfernt. In Einklang mit der obigen Argumentationskette können Verteidiger des positivistischen Ansatzes dagegenhalten, daß es keinen Mittelweg in der bereits angedeuteten Form von kontingenten Maßstäben, die erfolgreicher wissenschaftlichen Praxis inhärent sind, gebe. Meine Kritiker könnten darauf bestehen – wie Gower dies tut –, daß meine Verwendung des Erfolgsbegriffs hinfällig sei, solange ich nicht eine universelle Definition von Erfolg liefere. Diese Argumentation scheint nahezulegen, daß es keinen Mittelweg gibt. Entweder gibt es absolute Maßstäbe eines universellen Wissenschaftsverständnisses oder skeptischen Relativismus, womit die Wahl zwischen Evolutions- und Schöpfungstheorie zu einer Geschmacks- beziehungsweise Glaubensfrage wird.

Der Versuch, einen Mittelweg zwischen universeller Methode und skeptischem Relativismus zu gehen, der in diesem Buch unternommen werden soll, ist folgendermaßen strukturiert: Auf pragmatische Art und Weise und mit Blick auf die Errungenschaften der Physik soll der Versuch unternommen werden, darzustellen, welches Ziel Wissenschaft verfolgt. Das Ziel der Physik ist die Aufstellung möglichst allgemeiner Gesetze und Theorien, die auf die Welt anwendbar sind. In welchem Umfang diese Gesetze und Theorien tatsächlich auf die Welt anwendbar sind, muß dadurch bewiesen werden, daß man sie der Welt unter allen zur Verfügung stehenden Bedingungen aussetzt. Darüber hinaus versteht es sich von selbst, daß der Allgemeinheitsgrad der Gesetze und Theorien und ihrer Anwendbarkeit Gegenstand einer kontinuierlichen Weiterentwicklung sind. Erst wenn das Ziel wissenschaftlichen Handelns genau festgelegt ist, wenn es sorgfältig ausgearbeitet und mit Hilfe von Beispielen, die es verdeutlichen, illustriert ist, und wenn dargelegt wurde, daß die Zielsetzung nicht utopisch ist, wie dies in der Wissenschaft häufig der Fall ist, erst dann ist es möglich, Methoden und Maßstäbe danach zu beurteilen, inwieweit sie diesem Ziel dienen. Wie wissenschaftliche Ziele zu bewerten sind, hängt sicherlich von anderen Zielsetzungen und Interessen ab, aber wenn das Ziel einmal festgelegt ist, ist es keine Frage der subjektiven Meinung mehr, inwieweit verschiedene Methoden und Maßstäbe diesem Ziel dienen, sondern eine Frage objektiver Fakten, die sachlich festgestellt werden können. Die Befürworter des positivistischen Ansatzes stellen sich selbst gern als Verteidiger der Wissenschaft und Rationalität und ihre Gegner als deren Feinde dar. Das ist ein Irrtum. Die Verteidigung der Wissenschaft mittels einer Strategie, die zum Scheitern verurteilt ist, spielt gerade in die Hände einer „Anti"-Wissenschaftsbewegung. Sie machen es Paul Feyerabend zu einfach. H. M. Collins (1983, S. 99ff.), ein Wissenschaftssoziologe, dem ich an einigen Stellen in diesem Buch widerspreche, hat diese Argumentation einmal sehr gut beschrieben:

„Solange wissenschaftliche Autorität durch den Verweis auf unzuläng-
liche Wissenschaftstheorien legitimiert wird, ist es für Laien ein Leich-
tes, diese Autorität in Frage zu stellen. Es ist dann immer einfach aufzuzeigen, daß die wissenschaftliche Praxis nicht dem Kanon der sie
legitimierenden Philosophie entspricht. Die Befürchtungen derjenigen,
die dem Relativismus aufgrund seiner anarchistischen Konsequenzen
widersprechen, werden wahr, aber nicht als Ergebnis des Relativismus
selbst, sondern infolge eines übermäßigen Vertrauens gerade in die
Philosophien, die einen Schutzwall um die wissenschaftliche Autorität
bieten sollten. Doch es stellt sich heraus, daß dieser Schutzwall aus
Stroh ist. Wenn ein neuer Schutzwall errichtet werden soll, dann müssen
ihre Fundamente in der wissenschaftlichen Praxis gegründet werden."

Ich bin der Ansicht, daß die in diesem Buch dargelegte Verteidigung der Wissenschaft der positivistischen Argumentation überlegen ist, da sie stichhaltig ist und
das Terrain verdeutlicht, auf dem Wissenschaft verteidigt werden kann.

1.4 Kritik an Pseudowissenschaft

In diesem Buch soll der Versuch unternommen werden, die theoretische Physik
als objektiv und fortschrittlich darzustellen. Mein Plädoyer für die Wissenschaft
impliziert daher eine genaue Analyse von Errungenschaften der Physik und der
Art und Weise, wie sie erzielt wurden. Dabei gelange ich auf recht pragmatische
Weise zu meiner Formulierung vom Ziel der Wissenschaft, indem ich mich auf
die Gesetze und Theorien beziehe, für deren Begründung in der Physik adäquate
Methoden entwickelt worden sind. Aus der Form meiner Analyse ergibt sich
zwangsläufig, daß sie nur eine begrenzte Grundlage zur Kritik anderer Wissens-
bereiche außerhalb der Physik bietet. Wenn man also andere Erkenntnisbereiche,
wie zum Beispiel die Psychoanalyse Freuds oder den Historischen Materialismus
von Marx – um zwei besonders bevorzugte Zielscheiben der Wissenschaftsphilosophie zu nennen – aufgrund der Tatsache kritisieren wollte, daß sie nicht mit
meiner Beschreibung der theoretischen Physik übereinstimmen, so implizierte
dies, daß jegliches genuine Wissen an den Methoden und Maßstäben der Physik
zu messen sei, eine Ansicht, die ich nicht vertreten möchte und die sicherlich nur
schwer zu verteidigen wäre.

Eine Art der Kritik, die im Rahmen meiner Analyse allerdings durchaus
möglich ist, ist es, Erkenntnisbereiche zu hinterfragen, die so präsentiert werden,
als seien sie im gleichen Sinne wissenschaftlich wie die Physik, da sie angeblich
auf ähnlichen Methoden wie die der Physik beruhten und die daher den gleichen
erkenntnistheoretischen Status wie die Physik beanspruchen. Sollten die Schöpfungstheorie, Parapsychologie, Eugenik oder die Behauptungen einer Marian
Keech über Außerirdische (Collins & Cox, 1976) mit der Begründung, sie seien
im gleichen Sinne wissenschaftlich wie die Physik, verteidigt werden, so glaube

ich, daß die in diesem Buch dargestellten Überlegungen einen Ansatz zur Zurückweisung solcher Behauptungen bieten.

Wenn man sich Bereichen wie der Sozialwissenschaft oder der Geschichtswissenschaft zuwendet, deren Ziele und demzufolge auch deren Methoden und Maßstäbe sich augenscheinlich von denen der Physik unterscheiden, dann hat meine Wissenschaftsauffassung in bezug auf die Beurteilung dieser theoretischen Ansätze wenig zu bieten und hat auch nicht diesen Anspruch; bestenfalls kann meine Analyse und Verteidigung der Physik als Wegweiser für das Vorgehen in anderen Disziplinen dienen, wobei die wissenschaftlichen Ziele, die zur Erreichung dieser Ziele entwickelten Vorgehensweisen und der Grad des Erfolges festgelegt werden müssen.

Im vorletzten Kapitel meines Buches „Wege der Wissenschaft" (Chalmers, 1999, S. 169) habe ich dies folgendermaßen zusammengefaßt:

„Wie bisher klar geworden sein dürfte, gibt es nach meinem Verständnis kein zeitloses und universelles Konzept von Wissenschaft oder wissenschaftlicher Methode, das den in den vorangegangenen Abschnitten veranschaulichten Ansprüchen genügen würde. Wir haben keine Möglichkeit, derartige Begriffe zu erhalten und zu verteidigen. Wir können legitimerweise keine Erkenntnisse zurückweisen oder verteidigen, weil sie nicht – oder gerade weil sie – irgendwelchen schablonenhaften Kriterien der Wissenschaft entsprechen. Im einzelnen bedeutet dies allerdings ein härteres Stück Arbeit. Wenn wir uns zum Beispiel über eine Version des Marxismus Klarheit verschaffen wollen, dann müssen wir untersuchen, was seine Zielsetzungen sind, welcher Art die Methoden sind, um diese Ziele zu erreichen, in welchem Ausmaß diese Ziele erreicht wurden, und wir müssen die Kräfte und Faktoren untersuchen, die ihre Entwicklung bestimmen. Erst dann würden wir in der Lage sein, diese Version des Marxismus hinsichtlich der Erwünschtheit dessen, wofür seine Ziele stehen, dem Ausmaß, inwieweit die Methoden dazu taugen, die Ziele zu erreichen und hinsichtlich des Interesses, dem sie dienen, angemessen zu beurteilen."

Ich hoffe, daß die in den folgenden Kapiteln geführte Diskussion diese Ausführungen verdeutlichen wird und daß sie aufzeigt, warum ich es nicht für notwendig erachte, sie zurückzunehmen.

2

Wider die universelle Methode

2.1 Einleitende Bemerkungen

Wie ich in Abschnitt 1.2 erwähnt habe, verfolgen diejenigen, die für einen privilegierten Status wissenschaftlicher Erkenntnis eintreten, üblicherweise den von mir so bezeichneten positivistischen Ansatz. Das heißt, sie versuchen, eine universelle, ahistorische Methodologie der Wissenschaft zu definieren, welche die Maßstäbe bestimmt, an denen alles, was den Anspruch auf Wissenschaftlichkeit erhebt, gemessen wird. Popper und Lakatos, beide bedeutende Wissenschaftstheoretiker und eigentlich Gegner des Positivismus, vertraten dennoch eine Variante dieses Ansatzes. In neuerer Zeit bekannte sich John Worrall (1988, S. 265, 274) sehr deutlich zum Prinzip des Positivismus. Seiner Meinung nach ist die „Festlegung verbindlicher Kriterien für die Bewertung wissenschaftlicher Theorien die einzige Alternative zum Relativismus; ... ohne universelle Kriterien für eine fundierte Wissenschaft ist es unmöglich ist, die Entwicklung der Wissenschaft als einen *rationalen* Prozeß zu erklären". Barry Gower (1988, S. 59) ist mit seiner Klage über die Tatsache, daß „die Idee einer für die Wissenschaft typischen Methode nicht populär ist" ähnlicher Auffassung und stellt sich diesem Problem.

In diesem Kapitel wird es um die Gründe dafür gehen, warum der Versuch, die Wissenschaft mit einer universellen, ahistorischen Wissenschaftsauffassung zu verteidigen, zum Scheitern verurteilt ist. Angenommen, es gäbe eine einzig gültige Kategorie „Wissenschaft" und eine universelle wissenschaftliche Methode, die allein bestimmend ist für ihre Weiterentwicklung und Bewertung – wie könnten Wissenschaftstheoretiker diese Kategorie „Wissenschaft" und ihre Methoden adäquat charakterisieren? Aus welchen Quellen könnten sie schöpfen, um festzulegen, was Wissenschaft ist oder sein sollte? Im folgenden werde ich auf verschiedene Antworten auf dieser Frage eingehen und zeigen, daß keine den Kern des Problems trifft.

2.2 Der Verweis auf die menschliche Natur

Die Versuche einiger Philosophen des 17. Jahrhunderts, eine Antwort auf die oben formulierte Frage zu finden, stellen die Bedeutung der menschlichen Natur in den Vordergrund. Ihre Position läßt sich vereinfacht folgendermaßen darstellen: Da es die Menschen sind, die Wissen im allgemeinen und wissenschaftliche Erkenntnis im besonderen hervorbringen und bewerten, ist es für ein Verständnis der Art und Weise, wie Wissen in geeigneter Form erworben und bewertet werden kann, nötig, die Natur des einzelnen Menschen, der es erwirbt und bewertet, zu betrachten. Die hierfür relevanten Aspekte der menschlichen Natur müssen analysiert werden. Diese Aspekte sind die Fähigkeit des Menschen, sich seiner Vernunft zu bedienen und die Welt mittels seiner Sinne zu beobachten. Für die Fähigkeit zum Gebrauch der Vernunft stehen die klassischen Rationalisten wie zum Beispiel Descartes. Nachdem er Beispiel und Gewohnheit als adäquate Quellen einer sicheren Basis für das Wissen abgelehnt hatte, beschloß Descartes in seiner „Abhandlung über die Methode" (1986, S. 54), sich selbst zum Gegenstand seiner Studien zu machen und alle Kraft seines Geistes auf den Versuch zu verwenden, sich von den „vielen Irrtümern" zu befreien, „die das natürliche Licht unseres Verstandes verdunkeln und uns unfähig machen können, Vernunft anzunehmen". Seiner Meinung nach ist die Natur der Erkenntnis, ihrer Quellen und Grenzen unter dem Gesichtspunkt des „natürliche[n] Lichts unseres Verstandes" zu verstehen. Im Lager der Empiristen kam John Locke (1981, S. 7) in bezug auf einige spezielle erkenntnistheoretischen Fragen zu dem Schluß, daß wir vor der Beschäftigung mit solchen Fragen „unsere eigenen geistigen Anlagen prüfen und zusehen müßten, mit welchen Objekten sich zu befassen unser Verstand tauglich sei". Von größter Bedeutung war dabei natürlich für Locke die geistige Anlage des Menschen, die Welt mittels seiner Sinne zu beobachten. David Hume (1989, S. 2f.) schloß sich den empiristischen Elementen von Lockes Erkenntnistheorie an und betonte, daß nach seiner Auffassung für ein Verständnis der Natur der Erkenntnis eine Untersuchung der Natur des Menschen, der diese Erkenntnis erwirbt, notwendig ist:

> „Alle Wissenschaften haben offenbar mehr oder weniger Bezug zur menschlichen Natur. Wie sehr sie sich auch von ihr zu entfernen scheinen, alle kommen sie auf dem einen oder anderen Wege wieder zu ihr zurück. Selbst Mathematik, Naturwissenschaften und natürliche Religion sind in gewissem Maße von der Lehre vom Menschen abhängig, auch sie sind ja doch Gegenstände menschlicher Erkenntnis, das auf sie bezügliche Urteil ist Sache menschlicher Kräfte und Fähigkeiten. Man kann unmöglich voraussagen, was für Umgestaltungen und Fortschritte wir in diesen Wissenschaften zuwege bringen könnten, wenn wir mit dem Umfang und der Leistungsfähigkeit des menschlichen Erkenntnisvermögens vollkommen vertraut und imstande wären, die Natur der Vorstellungen, die wir in unserem Denken verwenden, und der geistigen Operationen, die wir dabei vollziehen, verständlich zu machen."

Die Wissenschaftstheorien des Rationalismus und Empirismus stehen ernstzunehmenden inhärenten Problemen gegenüber. Als die Vertreter des Rationalismus versuchten, die Gültigkeit der Theorien, zu denen sie durch den Gebrauch der Vernunft gelangt waren, zu beweisen, waren sie in der Tat gezwungen, einen recht problematischen Begriff von Evidenz zu übernehmen. (In diesem Zusammenhang ist daran zu erinnern, daß der größte Teil von Descartes' Physik, die er unter Berufung auf seine rationalistische Methode beweisen wollte, sich schließlich als völlig falsch erwies.) Die Vertreter des Empirismus waren konfrontiert mit einer Vielzahl von Problemen bezüglich der Fehlbarkeit und der Grenzen menschlicher Sinne und ebenso mit dem Problem, Verallgemeinerungen rechtfertigen zu müssen, die zwangsläufig nicht mehr durch einzelne Beobachtungsaussagen bewiesen werden können (vgl. Induktionsproblem, Chalmers, 1999, Kap. 2 und 3). Diese inhärenten Probleme sind ernst zu nehmen und reichen aus, um die traditionellen Ansätze in der Philosophie, eine Wissenschaftstheorie auf der menschlichen Natur zu begründen, in Mißkredit zu bringen. Dennoch betrachte ich die inhärenten Schwierigkeiten des traditionellen Rationalismus und Empirismus nicht als Hauptgründe für ihre Ablehnung. Meiner Meinung nach ist der allgemeine Ansatz, nach dem die Natur wissenschaftlicher Erkenntnis auf die Natur des Menschen, der sie gewinnt, zurückgeführt wird, grundsätzlich falsch.

Aufgrund der Tatsache, daß jeder einzelne Mensch in gewissem Maß von der Gesellschaft, in der er lebt, geprägt wird, ist es bekanntermaßen sehr schwierig, ein unveränderliches Wesen jenseits aller sozialen, kulturellen und historischen Unterschiede zu definieren. Zweifellos ist die Fähigkeit zu logischem Denken und zum Gebrauch der Sinne allen Menschen gemeinsam. Es ist jedoch vermutlich sinnlos, die Natur der Wissenschaft durch das, was daran universell sein könnte, erklären zu wollen, und zwar aus dem einfachen Grund, daß ungeachtet dessen, was die unveränderlichen menschlichen Fähigkeiten sein sollen, die in der Wissenschaft bedeutsamen Prozesse des Urteilens, des Beobachtens und des Experimentierens im Laufe der Geschichte Veränderungen und Entwicklungen unterworfen sind. Die Infinitesimalrechnung zum Beispiel stand erst den Wissenschaftlern nach Newton und Leibniz zur Verfügung, so daß bei der Begründung der Unendlichkeit von Zahlen darauf zurückgegriffen werden konnte – eine Stütze, die Archimedes nicht zur Verfügung stand. Ein weiteres Beispiel: In dem Moment, als Galilei sein Verfahren, wissenschaftliche Gesetze unter den künstlichen Bedingungen eines kontrollierten Experiments zu überprüfen, eingeführt hatte, wurde es möglich, den Gedanken an eine physikalische Ordnung jenseits einer nach allgemeinen Erfahrungen scheinbar ungeordneten Welt auf eine Art und Weise zu rechtfertigen, die vorher undenkbar war. Galileis Erfindung des Teleskops eröffnete der Wissenschaft einen neuen Bereich von Daten, durch den viele vorherige, mit bloßem Auge gesammelte Daten überflüssig wurden[1]. Diese Veränderungen der in der Wissenschaft angewandten Urteilsprozesse und der Beobachtungsverfahren haben mit der menschlichen Natur nicht viel zu tun. Die Unter-

---

[1]Diese Aspekte der Physik Galileis werden in späteren Kapiteln ausführlich besprochen.

schiede der Methoden von Archimedes und Newton sowie von Aristoteles und Galilei sind nicht unter Rückgriff auf ihre jeweilige Natur zu verstehen, sondern auf das erkenntnistheoretische Szenario, in dem sie sich bewegten. Die Natur der wissenschaftlichen Erkenntnis, die Art und Weise ihrer Rechtfertigung durch den Verstand und Beobachtungsverfahren unterliegen historischen Veränderungen. Zu ihrem Verständnis und ihrer Bestimmung ist eine Analyse der intellektuellen und praktischen Möglichkeiten, die den Wissenschaftlern einer bestimmten historischen Epoche zur Verfügung standen, nötig. Der Versuch, wissenschaftliche Methoden durch die menschliche Natur zu erklären, ist ein Blick in die völlig falsche Richtung.

2.3 Der Verweis auf die Physik und ihre Geschichte: Positivismus und Falsifikationismus

Obwohl der traditionelle Ansatz zum Verständnis von Wissen und Wissenschaft mit der starken Betonung der menschlichen Fähigkeiten noch immer großen Einfluß auf den orthodoxen Zweig der aktuellen Wissenschaftstheorie hat, versuchen heute einige Wissenschaftstheoretiker, ihre Auffassung von Wissenschaft und wissenschaftlichen Methoden auf andere Weise zu rechtfertigen. Sie sind der Meinung – und stehen damit im Einklang mit den Schlußfolgerungen von Abschnitt 2.2 –, daß es zum Verständnis von Wissenschaft und ihrer Methoden nötig sei, sich auf die Wissenschaft selbst und auf die jeweils eingesetzten Methoden zu konzentrieren und weniger auf den Wissenschaftler und seine Natur. Wissenschaftstheoretiker, die diesen Ansatz vertreten, ziehen gern die Physik und ihre Geschichte als Paradebeispiel für Wissenschaft heran. Die Entwicklung einer adäquaten Theorie der Wissenschaft und ihrer Methoden bedeutet dann die Entwicklung einer Theorie, die dem Vorbild der Physik am ehesten entspricht. Jeder Beitrag zur wissenschaftlichen Methode wird gemessen an der Geschichte der Physik. Zeitgenössische Vertreter des geschilderten Ansatzes, die vor allem der historischen Perspektive Aufmerksamkeit schenken, sind Thomas Kuhn, Imre Lakatos und Paul Feyerabend. Im folgenden werde ich zeigen, daß der Versuch, eine universelle Darstellung von Wissenschaft und ihren Methoden auf diesem Weg zu rechtfertigen, eine Reihe von Schwierigkeiten mit sich bringt, die ein solches Vorhaben untergräbt.

Ein Hauptproblem ist folgendes: Es steht keine Theorie zur Verfügung, die dem zuvor formulierten Anspruch, mit der Geschichte und der aktuellen Anwendung der Physik vereinbar zu sein, genügt. Die wesentlichen Ansätze, die den Anspruch einer universellen Methode erheben, genügen dieser Anforderung nicht: So lautet die Hauptaussage in Feyerabends „Wider den Methodenzwang" (1983) und eine der wichtigsten Schlußfolgerungen meines letzten Buches (Chalmers, 1999). Hier möchte ich versuchen, die Argumente, die dort und an anderer Stelle genannt wurden, zusammenzufassen. Einige meiner neueren und erweiterten Ausführungen dazu sind Gegenstand der Kapitel 4 und 5.

Das Ziel des Positivismus war der Nachweis, daß legitime Wissenschaft durch sogenannte „Protokollsätze", Fakten, die der sorgfältige Beobachter durch seine Sinne erkennen kann, „verifiziert", das heißt als wahr oder wahrscheinlich wahr belegt werden. Beobachtungsaussagen sind jedoch öffentlich, überprüfbar und revidierbar, sie haben somit wenig Ähnlichkeit mit der positivistischen Auffassung von unveränderlichen Wahrheiten, die dem Beobachter durch Wahrnehmungserfahrungen unmittelbar zugänglich sind (Chalmers, 1999, Kap. 3). Die Aussage, die Erde bewege sich nicht, wurde jahrtausendelang als beobachtbare Tatsache anerkannt, bevor im Zuge der wissenschaftlichen Revolution neue Theorien der Bewegung dazu führten, daß sie verworfen und ersetzt wurde. Betrachten wir die Bedeutung des Experiments im Gegensatz zur bloßen Beobachtung für die Physik, wird das Problem der positivistischen Auffassung, Wissenschaft basiere auf sicheren, durch Wahrnehmungserfahrungen fundierten Grundlagen, noch deutlicher (s. Kap. 5).

Selbst wenn wir den Positivisten eine bestimmte sichere, aus Beobachtungen resultierende Basis für Wissenschaft zugestehen, ist ihre Forderung, wissenschaftliche Theorien müßten anhand dieser Basis verifiziert werden, nicht haltbar. Eine logische Kluft zwischen der begrenzten, selektiven, für die Stützung wissenschaftlicher Behauptungen verfügbaren Evidenz und dem allgemeinen Charakter der Behauptungen selbst ist unvermeidlich. Die logischen Aspekte dieser Feststellung werden durch die Beobachtung, daß im Laufe der Geschichte viele wissenschaftliche Theorien der Vergangenheit, einschließlich solch hochgeachteter Theorien wie die Newtonsche Mechanik, trotz ihrer Unterstützung durch eine Vielzahl von Belegen als lückenhaft empfunden und ersetzt worden sind, noch verstärkt (Lakatos, 1982c). Die utopischen Forderungen der Positivisten haben zur Folge, daß unsere wertvollsten wissenschaftlichen Theorien nach deren Kriterien unwissenschaftlich sind. Sie werden sogar zu Unsinn für die Positivisten, weil sie nicht verifizierbare Aussagen nicht gelten lassen.

Die wichtigste Gegenposition zum Positivismus stellt Poppers falsifikationistischer Ansatz dar, der sowohl bei vielen in der Praxis stehenden Wissenschaftlern als auch bei Philosophen populär ist. Einige der allgemeineren Aspekte seines Ansatzes sind meiner Meinung nach unumstößlich. Wissenschaftliche Theorien sind fehlbar und können verbessert beziehungsweise ersetzt werden. Stellt eine Theorie Behauptungen über die Welt auf, sollte sie an den „Härten" der Welt gemessen werden. Die Geschichte der Wissenschaft kann sinnvoll verstanden werden als das Überleben derjenigen Theorie, die sich angesichts einer strengen Prüfung als die überlegenste erweist. Jedoch darf trotz dieser Zugeständnisse an Popper nicht vergessen werden, daß er sich dem positivistischen Ansatz anschloß und eine universelle, ahistorische Auffassung einer wissenschaftlichen Methodologie formulierte. Bei dem Versuch, aus Poppers Schriften falsifikationistische Kriterien entweder für die Anerkennung oder die Verwerfung von Theorien innerhalb eines wissenschaftlichen Gebietes oder den Nachweis der Wissenschaftlichkeit beziehungsweise Nicht-Wissenschaftlichkeit ganzer Gebiete zu gewinnen, entstehen Probleme, die denen, die Popper selbst im Hinblick auf den

Positivismus aufzeigte, ähnlich sind. Sind die falsifikationistischen Kriterien zu streng, so können eine Vielzahl unserer wertvollsten Theorien in der Physik nicht mehr als fundierte Wissenschaft bezeichnet werden. Sind sie zu schwach, werden nur wenige Gebiete nicht als fundierte Wissenschaft anerkannt.

Angenommen, der Falsifikationismus würde beispielsweise die Forderung beinhalten, falsifizierte Theorien zu verwerfen, so wären einige vorbildliche wissenschaftliche Theorien nicht mehr haltbar, es sei denn, das Attribut „falsifi-ziert" würde als so wenig aussagekräftig interpretiert, daß es keine Bedeutung mehr hätte. Während ihrer ungeheuer erfolgreichen Geschichte war die Astronomie Newtons zum Beispiel mit Beobachtungen wie der Umlaufbahn des Mondes oder des Merkur konfrontiert, die mit ihr unvereinbar waren. Natürlich gibt es logische Argumente, durch die das Versäumnis der Wissenschaftler, unseren strengen falsifikationistischen Regeln zu folgen, vollkommen verständlich und nachvollziehbar erscheint. Realistische Prüfungssituationen in der Wissenschaft sind von höchster Komplexität und schließen nicht nur die zu überprüfende Theorie, sondern auch eine Vielzahl von Hilfshypothesen, Anfangsbedingungen und dergleichen mehr ein. Der Versuch, Newtons Theorie mit der Umlaufbahn des Mondes in Einklang zu bringen, setzte Annahmen über die äußere Gestalt und die Eigenbewegung des Mondes sowie die der Erde, Korrekturen der Ergebnisse teleskopischer Beobachtungen unter Berücksichtigung der Lichtbrechung in der Erdatmosphäre etc., voraus. Schließlich wurde die Rettung von Newtons Theorie möglich, weil man die Ursache der offensichtlichen Falsifikation irgendwo anders im Gefüge der Theorie ansiedelte; allerdings konnten die durch die Umlaufbahn des Merkur verursachten Probleme so nicht mehr gelöst werden. Es wäre jedoch kaum plausibel, an eine falsifikationistische Regel den Anspruch zu stellen, einem Wissenschaftler im voraus über das zu erwartende Ergebnis seiner Forschungen Auskunft zu geben. Glücklicherweise waren die Physiker des 19. Jahrhunderts keine Falsifikationisten im Sinne der hier betrachteten strengen Regel und entwickkelten Newtons Theorie trotz der ungelösten Probleme bezüglich der Umlaufbahn des Merkur weiter. Sind wir somit nicht auch angehalten, den Anhängern der Schöpfungstheorie gegenüber beispielsweise ebenso großzügig zu sein, obwohl fossile Befunde Probleme aufwerfen?

Popper selbst ist kein Verfechter der strengen Falsifikationsregel, auf die im vorangegangenen Abschnitt eingegangen wurde. Seiner Meinung nach sollte eine Theorie Gelegenheit haben, sich zu bewähren und nicht beim ersten Anzeichen von Schwierigkeiten aufgegeben werden. Oder, wie er es selbst ausdrückt (Popper, 1974, S. 55): „Dabei habe ich jedoch immer auch die Notwendigkeit eines gewissen Dogmatismus betont: Dem dogmatischen Wissenschaftler fällt eine wichtige Rolle zu. Würde man allzu schnell der Kritik den Platz überlassen, dann würde man nie ausfindig machen können, worin die reale Kraft unserer Theorien liegt". Poppers Abgrenzungskriterium zur Unterscheidung zwischen Wissenschaft und Nicht-Wissenschaft läßt sich in einen „logischen" und einen „methodologischen" Aspekt aufspalten. Unter dem logischen Aspekt betrachtet, sollte es immer dann, wenn im Rahmen einer Theorie eine grundlegende Aussage über die Beschaffenheit der Welt gemacht wird, möglich sein zu erkennen, wann diese Theorie auf Schwierigkeiten stößt, das heißt, es muß Mittel und Wege geben, mit denen man beurteilen kann, daß die Welt anders ist als die Theorie sie beschreibt. Dies ist eine sinnvolle Forderung, die sich aus einer sehr allgemeinen Auffassung davon ableitet, was unserer Meinung nach unter „Wissen über die Welt" zu verstehen ist. Doch Poppers Problem besteht darin, daß diese Forderung durch eine Vielzahl von Theorien erfüllt wird. Popper (1983, Kap. 18) nennt als Beispiele die Aristotelische Physik, für welche die Flugbahn eines Geschosses ein Problem darstellte, die Astrologie, wenn eine mit ihrer Hilfe erstellte Voraussage nicht eintritt, und die Theorie Freuds, da seine Behauptung, Träume seien Wunscherfüllungen, durch das Auftreten von Alb- und Angstträumen in Frage gestellt wird. Die bloße Forderung nach Falsifizierbarkeit, wenn sie lediglich als möglicher Widerspruch zwischen den Voraussagen einer Theorie und irgendeinem beobachtbaren Ergebnis verstanden wird, mag zwar ausreichen, um Aussagen wie „entweder es regnet oder es regnet nicht" oder eine extreme Parodie auf die Theorie Freuds oder die Astrologie auszuschließen, doch sie läßt weit mehr als genuine Wissenschaft gelten, als die Verfechter des positivistischen Ansatzes bereit sind zuzulassen.

Der zweite, methodologische Aspekt des Popperschen Abgrenzungskriteriums soll die oben beschriebene Schwierigkeit ausräumen. Er betrifft die Art und Weise der geeigneten Strategie für den Umgang mit offensichtlichen Falsifikationen. Eine Theorie sollte der Kritik ausgesetzt sein. Sie sollte nicht ad hoc modifiziert werden, indem nicht nachprüfbare Zusätze eingeführt werden, um problematische Versuchsergebnisse zu integrieren. Man könnte argumentieren, daß die Aristoteliker das Problem der Flugbahn von Geschossen auf diese unwissenschaftliche Art und Weise beseitigten, indem sie nicht nachprüfbare Annahmen über die Antriebskraft der Luft, durch die Geschosse sich bewegen, aufstellten. Ähnlich unzulänglich war – zumindest nach Poppers Auffassung – Freuds Lösung für das Problem der Albträume .

Poppers Problem liegt nun darin, daß die Physik nicht mehr als Wissenschaft gelten kann, wenn dieser Aspekt seines Abgrenzungskriteriums so streng formuliert wird, daß er Aussagekraft hat. Die angesehensten physikalischen Theorien sind seit jeher mit Problemen konfrontiert worden, welche die Physiker entweder ignoriert oder für die sie Ad-hoc-Lösungen angeboten haben. So bemerkte zum Beispiel Maxwell 1859 in seiner ersten Abhandlung über die Grundzüge der kinetischen Gastheorie, daß die Theorie „auf keinen Fall die bekannten Beziehungen zwischen den beiden spezifischen Wärmen aller Gase erklären könne" (Maxwell, 1965, S. 409). Alle nennenswerten Erfolge der kinetischen Gastheorie traten erst auf, nachdem diese Schwierigkeit erkannt wurde. Erst durch die Quantenmechanik konnten sie ausgeräumt werden. Den Problemen der heutigen Atom- und Nuklearphysik versucht man mit verschiedenen „Renormalisierungstechniken" beizukommen, deren Ad-hoc-Charakter generell nicht geleugnet wird. Warum sollte eine sehr erfolgreiche und ausbaufähige Theorie nur deshalb verworfen werden, weil sie mit Schwierigkeiten behaftet ist, für die es allem

Anschein nach nur Ad-hoc-Lösungen gibt? Welche Alternativen gibt es für die moderne Physik außer Weiterentwicklung der vielversprechenden Aspekte der Quantenmechanik, trotz möglicher Vorbehalte gegenüber der Renor-malisierung? Wird Poppers Abgrenzungskriterium hinreichend präzise formuliert, um normative Kraft zu erlangen, ergeben sich unerwünschte Konsequenzen für die Wissenschaft.

Die gerade erörterten Schwierigkeiten im Zusammenhang mit Poppers Abgrenzungskriterium decken sich mit denen, die auch Lakatos hervorgehoben hat. Seine Methodologie wissenschaftlicher Forschungsprogramme sollte dem positivistischen Ansatz gerecht werden, indem sie Poppers Falsifikationismus so weit modifizierte, daß diesen Schwierigkeiten begegnet werden konnte. Lakatos' Methodologie beinhaltet eine Liberalisierung des Popperschen Falsifikationskriteriums. Jedes wichtige Forschungsprogramm wird immer mit Schwierigkeiten, mit schwer lösbaren Phänomenen, behaftet sein, doch es braucht deshalb nicht gleich aufgegeben zu werden. Beobachtungen, welche die Grundaussagen eines Programms widerlegen, sind eher Anomalien als Falsifikationen. Ein Programm ist wissenschaftlich, wenn es der Forschung neue Wege eröffnet und wenn diese Forschung zumindest gelegentlich zum Erfolg in Form von bestätigten neuartigen Erkenntnissen führt. Anomalien werden erst dann zu Falsifikationen eines Programmes, wenn es durch ein anderes erfolgreicheres abgelöst wird, das diese Anomalien erklären kann. So kann man zum Beispiel aus einer nach-einsteinschen Perspektive sagen, daß die Umlaufbahn des Merkur die Newtonsche Theorie falsifiziert, während sie im 19. Jahrhundert lediglich eine Anomalie darstellte.

Ein Problem im Zusammenhang mit Lakatos' Abgrenzungskriterium ergibt sich aus dessen Mangel an normativer Kraft. Kein Forschungsprogramm kann als falsifiziert abgelehnt werden, da ein Erfolg noch jederzeit möglich sein könnte, das heißt „man kann rational an einem degenerierenden Programm festhalten, bis es von einem Rivalen überholt ist, und sogar noch nachher" (Lakatos, 1982b, S. 123). Wer kann schon voraussagen, welche bedeutenden Erfolge in Form eindeutig belegter Vorhersagen im Rahmen des zeitgenössischen Marxismus oder der Soziologie bevorstehen, um zwei von Lakatos nicht unbedingt geliebte Gebiete zu nennen. Als Instrument zur Bekämpfung von Pseudowissenschaft erweist sich Lakatos' Methodologie tatsächlich als stumpfe Waffe.

Eine zweite erhebliche Schwierigkeit für Lakatos' Methodologie rührt daher, daß er sie stark auf die zeitgenössische Physik zugeschnitten hat (Feyerabend, 1978). Er begründet seine Methodologie, indem er sie auf die Ereignisse in der Geschichte der Physik der letzten zweihundert Jahre anwendet, die allgemein als große wissenschaftliche Erfolge betrachtet werden (Lakatos, 1982b). Angesichts dieser Tatsache erscheint die Annahme unangebracht, daß sich das Abgrenzungskriterium seiner Methodologie auf andere Gebiete als die Physik anwenden läßt. Hier wird einmal mehr deutlich, daß sich die Methodologie von Lakatos nicht als Instrument zur Bekämpfung von Pseudowissenschaft eignet.

Den oben genannten Schwierigkeiten stehen alle Auffassungen von Wissenschaft, ihrer Methoden und Maßstäbe gegenüber, die den Versuch unternehmen, allgemeine Wissenschaftstheorien zu rechtfertigen, indem sie auf die Physik und ihre Geschichte zurückgreifen. Nimmt man an, daß Methoden und Maßstäbe, die auf diese Weise gewonnen wurden, auf die Biologie, die Psychologie, die Sozialwissenschaften etc. anwendbar sind, so wird stillschweigend vorausgesetzt, daß die Physik das Musterbeispiel guter Wissenschaft sei, dem alle anderen Wissenschaften folgen sollten. Doch es gibt offensichtliche und allgemein anerkannte Gründe, diese Annahme zurückzuweisen. Menschen, Gesellschaften und ökologische Systeme sind keine unbelebten Objekte, die sich in der Weise manipulieren lassen, wie es für die Objekte der Physik denkbar ist. Um sie zu verstehen, sind Experimente und die Rolle, die diese in der Physik spielen, ihrem Wesen nach häufig ungeeignet oder nicht anwendbar. Insofern, als soziale und auch einige psychologische Theorien die Einstellungen und Handlungsweisen von Menschen beeinflussen, wirken sie in einer Weise auf die Systeme, für die sie gelten sollen, die den Naturwissenschaften fremd sind. In gewissem Sinne zielt die Entwicklung der Human- und Sozialwissenschaften eher darauf ab, die Welt zu verändern, als sie lediglich zu erklären. In diesem Rahmen kann jedoch nicht auf die spezifischen Probleme der Sozialwissenschaften, der Ökologie etc. eingegangen werden. Es genügt festzustellen, daß Lakatos und alle, die einem ähnlichen Ansatz folgen, annehmen, daß jede legitime Wissenschaft die Methoden und Maßstäbe der Physik übernehmen müsse, ein Standpunkt, der sich schwer verteidigen läßt und für den Lakatos keine Verteidigung anbietet.

2.4 Variable Methoden und Maßstäbe in der Physik

Eine weitere Schwierigkeit für die Verfechter universeller Methoden und Maßstäbe ergibt sich aus der Erkenntnis, daß auch die Methoden und Maßstäbe der Physik sich ändern, und zwar immer dann, wenn die Physik entscheidende Fortschritte macht. Wissenschaftler ändern ihre Methoden und Maßstäbe, wenn sich in der Praxis zeigt, daß eine solche Änderung Vorteile bringt. Ironischerweise findet sich ein hervorragendes historisches Beispiel für meine Argumentation in einer posthum veröffentlichten Abhandlung von Lakatos (1982d), deren Inhalt den positivistischen Ansatz, den Lakatos eigentlich vertritt, ernsthaft in Frage stellt.

Die allgemein geltende Unterscheidung zwischen Wissenschaft und Nicht-Wissenschaft zu Newtons Zeit entsprach der antiken Trennung von *epistem* und *doxa*, das heißt von genuinem Wissen und bloßer Meinung. Man glaubte, genuine wissenschaftliche Erkenntnis bestehe in oder basiere auf unumstößlichen, sich auf die Vernunft gründenden Wahrheiten. Viele erweiterten diese Auffassung noch um die „essentialistische" Forderung, daß diese Wahrheiten endgültige Wahrheiten sein müßten, das heißt Wahrheiten, die für sich nicht der Erklärung bedürften. Die Euklidische Geometrie wurde oft als eine exemplarische Wissenschaft betrachtet, die diesem Ideal entsprach. In Descartes' Erkenntnistheorie, die zu Newtons Zeit in hohem Ansehen stand und die Newton selbst als die einzig ernst zu nehmende Auffassung von Wissenschaft betrachtete, kam eine Sichtweise zum

Ausdruck, nach der Wissenschaft auf evidenten, apriorischen ersten Grundsätzen basierte. Newtons Theorie stand im Widerspruch zu dieser Wissenschaftsauffassung, das heißt zu den wissenschaftlichen Maßstäben seiner Zeit. Seine Physik und vor allem seine Darstellung der Gravitation ließen sich nicht aus evidenten Grundsätzen ableiten. Seine Konzeption der Fernwirkungstheorie war keineswegs evident und wurde in weiten Kreisen als wenig einleuchtend betrachtet – eine Einschätzung, die Newton in gewissem Sinne selbst akzeptierte, indem er zugab, daß er die Gravitationswirkung zwar beschreiben, jedoch nicht erklären konnte. Die Newtonsche Theorie lieferte keine endgültigen Erklärungen.

Obwohl sie zu der anerkannten Meinung der wissenschaftlichen Koryphäen im Widerspruch stand, erzielte die Newtonsche Theorie in der Praxis enorme Erfolge, und zwar sowohl in der Astronomie als auch in der terrestrischen Physik. Es war offensichtlich, daß man die Maßstäbe ändern mußte, wenn man die Früchte der Newtonschen Theorie ernten wollte. Und genau das geschah. Die Cartesianer waren „fast gegen ihren Willen zum Widerstand gegen die Tyrannei der evidenten, apriorischen ersten Grundsätze gezwungen und damit zur Veränderung der Kriterien des wissenschaftlichen Beweises und der wissenschaftlichen Kritik, ja des Begriffs der Erkenntnis überhaupt" (Lakatos, 1982d, S. 223).

Lakatos faßt die Situation wie folgt zusammen: „Große Kunstwerke können die ästhetischen Maßstäbe verändern – große wissenschaftliche Leistungen können die wissenschaftlichen Grundsätze verändern. Die Geschichte der Grundsätze ist die Geschichte der – mehr oder weniger – kritischen Wechselwirkung zwischen Grundsätzen und Leistungen" (Lakatos, 1982d, S. 217). Vorausgesetzt, man geht in der Analogie zur Kunst nicht zu weit, gibt dieses Zitat in knappen Worten meinen eigenen Standpunkt wieder. Es drückt aus, daß Maßstäbe im Licht praktischer Erfolge geändert werden können. Meine Analyse der Einführung vom Teleskop in der Astronomie durch Galilei in Kapitel 4 liefert ein weiteres Beispiel.

Das Eingeständnis, daß Maßstäbe im Hinblick auf die Praxis geändert werden können, scheint darauf hinzudeuten, daß die Suche nach einer bedeutenden universellen, ahistorischen Methodologie vergeblich ist, und dies ist tatsächlich meine Meinung. Doch wie konnte Lakatos dann seine Betrachtungsweise von Newtons erfolgreicher Änderung der wissenschaftlichen Maßstäbe mit seiner Verteidigung des positivistischen Ansatzes in Einklang bringen? Das folgende Zitat könnte meiner Meinung nach darüber Aufschluß geben, wie Lakatos Antwort ausgefallen wäre:

„Newton hat das erste bedeutende wissenschaftliche Forschungsprogramm in der Geschichte der Menschheit in Gang gesetzt; er und seine glänzenden Nachfolger haben *in der Praxis* die Grundzüge der wissenschaftlichen Methodologie aufgestellt. *In diesem Sinne kann man sagen, die Newtonsche Methode habe die moderne Wissenschaft geschaffen"* (Lakatos, 1982d, S. 235).

Die von Lakatos beschriebene Änderung von Methoden und Maßstäben wird von ihm als die Entdeckung *der* korrekten Methoden und Maßstäbe in der Praxis interpretiert, die vermutlich von da an in unveränderter Form angewandt werden mußten und immer noch müssen, um uns zu „helfen, Gesetze zu formulieren, zur Eindämmung ... intellektueller Pollution" (Lakatos, 1974, S. 170).

Meiner Ansicht nach ist der Standpunkt, den ich Lakatos hier zuschreibe, aus zwei Gründen unhaltbar. Erstens: Geht man davon aus, daß es bei einer bestimmten Gelegenheit völlig einleuchtend ist, daß Methoden und Maßstäbe allmählichen Veränderungen im Hinblick auf die Praxis unterliegen, wie dies Lakatos in seiner Studie über die Newtonsche Physik tut, ist es nicht plausibel, ähnliche Veränderungen bei anderen, späteren Gelegenheiten auszuschließen. Zweitens lassen sich Beispiele für Änderungen physikalischer Maßstäbe nach Newton finden. So war z .B. ein Standard der Physik des 19. Jahrhunderts ihr deterministischer Charakter. Geht man von klar festgelegten Anfangsbedingungen eines Systems aus, so ist seine künftige Entwicklung durch die Gesetze der Physik determiniert. Die Aufgabe des strengen Determinismus innerhalb der Quantenmechanik beunruhigte bekanntlich Einstein und andere. Dennoch müssen wir, wenn wir die praktischen Entwicklungsmöglichkeiten, welche die Quantenmechanik bietet, akzeptieren und ausschöpfen wollen, der damit verbundenen Änderung der Maßstäbe Rechnung tragen. Das Aufkommen der Radioastronomie löste Diskussionen darüber aus, was in der Astronomie als relevanter Beweis zählen sollte (Edge & Mulkay, 1976), die denen entsprachen, welche die Einführung des Teleskops durch Galilei begleiteten. Das Ergebnis war jeweils eine allmähliche, aber bedeutende Änderung einiger Maßstäbe der experimentellen Astronomie. Ein drittes Beispiel ist hypothetisch, jedoch instruktiv. Nehmen wir einmal an, was einige bereits glauben, die Diskussion innerhalb der Quantenmechanik führe zu einer neuen „Quantenlogik", die zum Teil die klassischen Prinzipien der Logik verletzte. In einem solchen Fall wäre der praktische Erfolg der Quantenmechanik ein guter Grund, unsere diesbezüglichen Maßstäbe zu ändern. Nicht einmal unsere so geschätzten Maßstäbe der Logik sind universell.

Ein weiterer Schluß, den man aus den vorangegangenen Überlegungen ziehen kann, unterstützt meine Argumentation am Ende von Abschnitt 2.3. Erkennt man das Ausmaß, in dem die Methoden und Maßstäbe im Lichte praktischer Erfolge geformt werden, wird deutlich, wie unangebracht es ist, diese Methoden und Maßstäbe auf andere Gebiete wie etwa die Soziologie oder die Geschichte zu übertragen. Doch genau das muß geschehen, wenn man den positivistischen Ansatz anwenden will, um die „intellektuelle Pollution" einzudämmen, wie es zum Beispiel Lakatos anstrebte.

In diesem Kapitel habe ich mich mit zwei möglichen Antworten auf die Frage auseinandergesetzt, welche Mittel dem Philosophen zur Verfügung stehen, um eine universelle ahistorische Auffassung der wissenschaftlichen Methode zu etablieren. Ich habe den Rückgriff auf die menschliche Natur und den Rückgriff auf die Physik und ihre Geschichte dargestellt und argumentiert, daß sie keine adäquate Antwort auf diese Frage liefern. Es gibt noch eine dritte Möglichkeit, die in Betracht gezogen werden muß, eine Möglichkeit, die das Ziel von Wissenschaft zum Ausgangspunkt hat. Eine bestimmte Methodologie der Wissenschaft kann sich vielleicht deshalb durchsetzen, weil sie am ehesten dem Ziel der Wissenschaft dient, wenn dieses Ziel einmal festgelegt wurde. Ich werde auf diesen Ansatz im nächsten Kapitel eingehen, um zu sehen, was mir daran wertvoll erscheint.

3

Das Ziel der Wissenschaft

3.1 Einleitende Bemerkungen

Obwohl noch weitaus mehr gesagt werden müßte – was ich auch in Kürze tun werde – kann das Ziel der Wissenschaft allgemein als die Produktion von Wissen über die Welt aufgefaßt werden, während das Ziel der Physik, womit ich mich in diesem Buch befasse, als die Produktion von Wissen über die physikalische im Gegensatz zur geistigen oder gesellschaftlichen Welt verstanden werden kann. Es kann zumindest eine grobe Unterscheidung getroffen werden zwischen dem Ziel oder Bestreben, Wissen zu produzieren einerseits, und anderen Zielen, wie den wirtschaftlichen oder politischen Interessen bestimmter Einzelpersonen, Gruppen oder Schichten zu dienen andererseits.[2] Entgegen der Meinung der Skeptiker, zu denen man einige zeitgenössische Soziologen zählen kann, möchte ich behaupten, daß in der Physik bestimmte Verfahrensweisen zur Produktion von Wissen entwickelt worden sind, die, wenn man es richtig interpretiert, das Ziel der Wissenschaft erfüllen. Im folgenden wird der Versuch unternommen, eine Grobcharakterisierung des Ziels von Wissenschaft vorzulegen, die es ermöglicht, sie grob von anderen Wissensformen abzugrenzen. Im weiteren werde ich, unter Rückgriff auf die Geschichte und Praxis der Physik, eine fundierte Darstellung zeitgenössischer Wissenschaft inhärenter Ziele vorlegen. Die Methoden und Maßstäbe können danach beurteilt werden, inwieweit sie einer praktisch realisierbaren Version vom Ziel der Wissenschaft dienen.[3]

---

[2] Die hier dargestellte Ansicht weist eine gewisse Affinität zu Louis Althussers (1968, Kap. 6) Verständnis von Wissensproduktion in Analogie zur materiellen Produktion auf. Althussers Ansicht wird bei Suchting (1983) besonders verständlich dargestellt und weiterentwickelt.

[3] Auch andere (Popper, 1984, Kap. 5; Watkins, 1985; Laudan, 1984) haben sich zur Rechtfertigung ihrer Methodologie auf das Ziel der Wissenschaft berufen, wenn auch nicht in derselben Weise oder mit derselben Vorstellung vom Ziel der Wissenschaft, wie sie hier vertreten wird.

Viele traditionelle Philosophen nähern sich dem Problem der Wissenschafts-
analyse, indem sie versuchen, eine allgemeine Definition von genuinem Wissen
zu entwickeln und ausgehend davon, die Wissenschaft als eine besondere Form
dieses Wissens (oder wie die logischen Positivisten es interpretieren, als die einzige Form) zu verstehen. Bereits im vorangegangenen Kapitel habe ich darauf
hingewiesen, daß schon im Griechenland der Antike versucht wurde, allgemein
zwischen genuinem Wissen und bloßer Meinung zu unterscheiden. Zu Beginn des
Zeitalters der modernen Wissenschaft beschrieb John Locke (1913, S. 19) sein
Ziel, „den Ursprung, die Gewißheit und den Umfang der menschlichen Erkenntnis
zu untersuchen, nebst den Grundlagen und Graden des Glaubens, der Meinung
und der Zustimmung", und David Armstrong (1973) eine besonders klar umris-
sene Beschreibung der Versuche moderner analytischer Philosophen vorlegt, die
eine allgemeine Charakterisierung von Wissen als etwas Begründetes, für wahr
Erachtetes oder Ähnliches gibt.

Mein Versuch, das Ziel der Wissenschaft zu definieren, folgt keinem solch
allgemeinen Ansatz. Wie aus den Diskussionen im vorangegangenen Kapitel
hervorgeht, verfügen Philosophen meines Erachtens nicht über ein Instrumentarium, um eine allgemeine Beschreibung von Wissen und der damit verbundenen
Ziele zu formulieren, ohne eine eingehende Betrachtung von tatsächlichen Beispielen dessen, was als Wissen angesehen wird. Sobald man dies tut, wird deutlich, daß es eine solch breite Skala von Wissensformen gibt, daß der Versuch, eine
Darstellung von Wissen zu finden, welche die charakteristischen Merkmale all
dieser Wissensformen abdeckt, zum Scheitern verurteilt ist. Über das hinaus, was
normalerweise der Wissenschaft als Wissen zugeschrieben wird, gibt es das sogenannte Alltagswissen, das Wissen des gelernten Handwerkers oder des weitsichti-
gen Politikers, das in Enzyklopädien enthaltene Wissen, das Wissen eines
Quizexperten usw. Aber auch wenn man einmal davon absieht, daß es gar nicht
möglich ist, die charakteristischen Merkmale einiger oder gar aller dieser verschiedenen Wissensarten begrifflich zu fassen, versagen die meisten traditionellen
Beschreibungen von Wissen insofern, als sie utopisch sind. Sie stellen Kriterien
für genuines Wissen auf, die nicht erfüllt werden können, wie beispielsweise das
Schicksal der verschiedenen Versuche zeigt, Wissen von bloßer Meinung dadurch
zu unterscheiden, daß Begriffe wie notwendige oder grundlegende Wahrheit herangezogen werden, um genuines Wissen zu charakterisieren.

Die unmittelbar vorangegangenen Bemerkungen bilden die Grundlage des
pragmatischen Ansatzes, für den ich bei der Aufstellung und Spezifizierung von
Zielen eintrete. Wenn sie von Nutzen und nicht sinnlos sein sollen, dann dürfen
Ziele nicht utopisch sein. Sie sollten vielmehr so gesetzt sein, daß Fortschritte zu
ihrer Erreichung gemacht werden und dies auch belegt werden kann. Außerdem
stellt sich erst in der Praxis heraus, ob ein Ziel utopisch ist oder nicht. Unsere
Ziele können und sollten im Lichte dessen modifiziert werden, was erreichbar ist.

3.2 Wissenschaft als Suche nach Allgemeingültigkeit

Ein Merkmal wissenschaftlicher Erkenntnis, das ich besonders hervorheben möchte, ist ihre Allgemeingültigkeit. Bei der Betrachtung unumstrittener Beispiele wissenschaftlicher Erkenntnis wie die Euklidische Geometrie und die Lichtreflexionsgesetze, die in der Antike bekannt waren, oder die Newtonsche Mechanik und Einsteins Relativitätstheorie der Moderne fällt es nicht schwer, die Allgemeingültigkeit der darin enthaltenen Thesen anzuerkennen. Die geometrischen Theoreme sind gleichermaßen anwendbar auf das Gebiet der Tischlerei, der Landvermessung und der Astronomie, während die Newtonsche Mechanik sowohl für die Kometenbahnen als auch für die Schwingungen eines Pendels gilt. Die Bedeutung der Allgemeingültigkeit aus pragmatischer Sicht hat Randall Albury (1983, S. 44f.) am Beispiel einer altchinesischen Pumpe anschaulich dargestellt. Diese Pumpe wurde in der traditionellen chinesischen Gesellschaft zur Bewässerung von Reisfeldern benutzt.

Die einzelnen Bestandteile dieser Pumpe, insbesondere die Form der Behälter, waren je nach Art der Anwendung unterschiedlich konstruiert, was wohl auf die praktische Erfahrung ihrer Benutzer zurückzuführen ist. In der westlichen Welt wurde diese Pumpe im 17. Jahrhundert eingeführt, wo sie in hydraulischen Systemen und bei der Feuerwehr Verwendung fand. Im 18. Jahrhundert unterzog de Bélidor die Pumpe in seiner „Hydraulic Architecture" einer geometrischen und mechanischen Analyse und präsentierte eine allgemeine Darstellung ihrer Funktionsweise. Mit Hilfe de Bélidors Analyse war es möglich, die optimale Form eines Behälters für einen bestimmten Anwendungsbereich zu ermitteln. Während die Menschen der traditionellen chinesischen Gesellschaft handwerkliches, auf praktischer Erfahrung beruhendes Wissen besaßen, wurde durch de Bélidors Vorgehensweise wissenschaftliche Erkenntnis geschaffen. Die Geometrie und die Theorie von Maschinen, auf die er sich stützte, waren in dem Sinne allgemein, als sie für jeden mechanischen Anwendungsbereich gelten, und nach der daraus entstandenen Theorie der altchinesischen Pumpe konnten Pumpen für neue wie auch für bekannte Anwendungsbereiche konstruiert werden.

Am dargestellten Beispiel soll der Zusammenhang von Allgemeingültigkeit und Nützlichkeit verdeutlicht werden. Obwohl die Bedeutung der Wissenschaft als ein Instrument zur Verbesserung und Erweiterung der Beherrschung der Natur seit der wissenschaftlichen Revolution ständig zugenommen hat, wird oftmals eine zu starke Gleichsetzung von Wissenschaft und ihrer praktischen Anwendung abgelehnt. Wissenschaft, so wird gesagt, versuche zu verstehen. Verbesserte Technologien seien ein Nebenprodukt dieses verbesserten Verstehens. Eine solche Sichtweise ist sicherlich für das Griechenland der Antike und die Philosophen des Mittelalters angemessen, da man vielfach danach strebte, die Welt und „die hinter der Erscheinungswelt liegende Wirklichkeit" zu verstehen, ohne an den praktischen Anwendungen besonders interessiert zu sein. Das gleiche könnte man vielleicht von modernen Kosmologen behaupten. In der Antike suchte man nach allgemeiner Erkenntnis zur Erklärung der alltäglichen Erscheinungswelt. So wurden zum Beispiel die beobachtbaren Veränderungen der alltäglichen Welt wie Wachstum und Zerfall, Gefrieren und Sieden, der Wechsel der Jahreszeiten etc. als gegeben erachtet. Ausgehend von diesen Gegebenheiten, suchte man nach einer Erklärung, wie in der Welt Veränderung überhaupt möglich sei. Dieses Problem führte dazu, daß eine Atomtheorie vorgeschlagen wurde, mit der Identität trotz Veränderung durch das Fortbestehen von Atomen vor und nach der Veränderung erklärt werden konnte, während die Neuanordnung der Atome die Veränderung selbst erklärte. Demokrit zufolge „gibt es nur Atome und den leeren Raum". Falls etwas noch allgemeiner als diese Aussage sein kann, dann ist es vielleicht die allgemeine Relativitätstheorie, die in der modernen Kosmologie von zentraler Bedeutung ist. Ungeachtet, ob wir Wissenschaft als Instrument zur materiellen Beherrschung der Natur oder als Instrument zur Erlangung von Wissen, das durch sie geschaffen wird, betrachten, gehört Allgemeingültigkeit zu ihren besonderen Merkmalen.

Meine Betonung von Allgemeingültigkeit muß allerdings eingeschränkt werden. Wichtige Eigenschaften der Wissenschaft, sogar der zeitgenössischen „reinen" Wissenschaft, gehen verloren, wenn man sich zu sehr auf die Vorstellung von Wissenschaft als Streben nach theoretischer Allgemeingültigkeit konzentriert. Ian Hacking (1996) hat überzeugend dargestellt, wie Experimente mitunter eine ganz wesentliche Eigendynamik entwickeln. Er beschrieb zum Beispiel, wie David Brewster, ein bedeutender Vertreter der Experimentaloptik in der ersten Hälfte des 19. Jahrhunderts, bis dahin unbekannte Eigenschaften des Lichts entdeckte, wobei er Datenmaterial lieferte, das in die Wellentheorie des Lichts Eingang finden sollte. „Brewster ging es überhaupt nicht darum, Theorien zu prüfen oder zu vergleichen", bemerkt Hacking (1996, S. 263), „sondern er versuchte herauszubekommen, was es mit dem Verhalten des Lichts auf sich hat". Ein etwas aktuelleres Beispiel findet sich bei Erwin Hiebert (1988). Er beschreibt, wie experimentell arbeitende Atomphysiker „durch die Entdeckung des Neutrons zu einer Welle neuer Versuchsergebnisse einschließlich der Atomfusion und sich selbst aufrechterhaltenden Kettenreaktionen" kamen, während die Entwicklungen in der theoretischen Atomphysik dazu nur wenig beitrugen.

Thomas Kuhn (1977a) hat eine aufschlußreiche Unterscheidung zwischen der, wie er sie nennt, mathematischen und der experimentellen oder auch Baconschen Wissenschaft des 17. Jahrhunderts getroffen. Die Mathematische Wissenschaft wie die Newtonsche Mechanik enthielt mathematische Gesetze mit einem hohen Grad an Allgemeingültigkeit, während die Baconsche Wissenschaft praktisches, auf Versuch und Irrtum beruhendes Wissen beinhaltete.

Bestandteil der zuletzt genannten Wissenschaft war die zielgerichtete Untersuchung des Verhaltens von Materie in neuartigen Situationen. Ein Großteil der Optik des 17. und 18. Jahrhunderts wie auch die Untersuchungsreihe, die zur Entwicklung der Dampfmaschine und schließlich zur Industriellen Revolution führte, fallen in diese Kategorie. Keine dieser erfolgreichen Untersuchungen ließe sich angemessen als Streben nach theoretischer Allgemeingültigkeit bezeichnen. Explizit formulierte Theorien spielten dabei kaum eine Rolle. Das Baconsche

Wissenschaftsverständnis als systematische und weitverbreitete Praxis war im 17. Jahrhundert eine historische Neuheit, und ihr Erfolg war von historischer Tragweite. Auch heute noch ist sie unerläßlicher Bestandteil gängiger wissenschaftlicher Praxis. Ein wichtiges Teilziel moderner Wissenschaft ist die Erweiterung des Instrumentariums zum praktischen Eingriff in die physikalische Welt und zu deren Kontrolle. Mittel der Zielerreichung ist das systematische Infragestellen.

Meiner Ansicht nach gibt es zwei Gründe, warum die Existenz und die Bedeutung des Baconschen Wissenschaftsverständnisses den Nachdruck, mit dem ich auf Allgemeingültigkeit als kennzeichnendes Merkmal wissenschaftlicher Erkenntnis bestehe, nicht in Frage stellt. Der erste Grund hängt mit ähnlichen Überlegungen zusammen, wie sie bei der Darstellung der Geschichte der altchinesischen Pumpe geäußert wurden. Wie und in welchem Ausmaß können aus der Praxis gewonnene Ergebnisse, die im Rahmen bestimmter experimenteller Situationen gewonnen und beurteilt werden, außerhalb dieser Anwendungen von Nutzen sein? Eine angemessene Antwort auf diese Frage lautet: Es bedarf eines adäquaten theoretischen Verständnisses von den Umständen der experimentellen Situation. Die oben zitierten Beispiele Baconscher Wissenschaft bestätigen diese These. Drastische Verbesserungen beim Entwurf von Motoren wurden angesichts der im 19. Jahrhundert entwickelten allgemeinen Theorie der Thermodynamik ermöglicht, die Beherrschung der Kernspaltung wurde unter anderem als Folge eines adäquateren Verständnisses von Bindungsenergien vorangetrieben, und Fresnels Wellentheorie des Lichts eröffnete Möglichkeiten für die Praxis, die weit über das hinausgingen, was Brewster hatte erreichen können. Ohne das Ausmaß und die Bedeutung des zeitgenössischen Baconschen Wissenschaftsverständnisses in Abrede stellen zu wollen, sind es doch die theoretischen Verallgemeinerungen, welche die Wissenschaft von der mittelalterlichen Technologie unterscheiden und sie ihr überlegen machen.

Ein zweiter Grund für die von mir hervorgehobene Bedeutung der in der Wissenschaft immanenten theoretischen Verallgemeinerungen ist, daß gerade dieser Aspekt der Wissenschaft – und nicht ihre erfolgreiche praktische Anwendbarkeit – Hauptangriffspunkt radikaler Relativisten und Skeptiker ist. Schließlich ist es in einer Welt der Computer, Herztransplantationen und Atomkraft kaum zu leugnen, daß uns die Wissenschaft eine weitreichende Beherrschung der materiellen Welt ermöglicht. Mir geht es jedoch um die Verteidigung der theoretischen Aspekte der Wissenschaft gegen falsche Kritik. Gleichzeitig soll Raum geschaffen werden für eine Kritik an der Wissenschaft, die konstruktiver ist als die gegenwärtig geübte Praxis. Auch wo Zweifel an den praxisrelevanten Aspekten der Wissenschaft, wie zum Beispiel an der Objektivität von Experimenten, geäußert werden, trete ich für die Wissenschaft ein.

Wenn wir uns der Ansicht anschließen, daß das Ziel der Wissenschaft die Aufstellung von allgemeinen Aussagen über die Phänomene der Welt ist, wird es möglich zu erkennen, daß ein grundsätzlicheres Problem zu lösen ist: Wie sind solche Verallgemeinerungen zu untermauern? Daß dieses Problem in der Tat gelöst werden muß, ergibt sich aus der Überlegung, daß unsere Welt so komplex und ungeordnet ist, daß es kaum möglich scheint, Regelmäßigkeiten zu erkennen, aus denen wissenschaftliche, auf diese Welt anwendbare Verallgemeinerungen abgeleitet werden können. Abgesehen von einigen Bereichen der Astronomie und der Optik, lassen sich kaum Regeln ohne Ausnahme feststellen. Selbst so vermeintlich sichere Anwärter auf den Status gesetzesähnlicher Regelmäßigkeiten wie „schwere Gegenstände fallen geradlinig nach unten" oder „aus Eicheln werden Eichen" werden häufig in meinem eigenen Garten widerlegt, einmal, wenn im Herbst die Blätter fallen, und zum anderen, wenn Eicheln auf steinigen Boden fallen oder von Vögeln gefressen werden. In Abschnitt 3.3 möchte ich versuchen, die Problematik der Erhärtung wissenschaftlicher Verallgemeinerungen genauer zu beleuchten und einen ausgewählten Bereich der Wissenschaftsgeschichte und -philosophie betrachten, um einige der bereits vorgebrachten Lösungen herauszuarbeiten. Wir sind dann besser in der Lage, die Lösungen, welche die moderne Wissenschaft bietet, zu würdigen.

3.3 Frühe Versuche zur Erreichung theoretischer Allgemeingültigkeit

Wie lassen sich wissenschaftliche Verallgemeinerungen ohne Ausnahmen angesichts der ungeordneten, beobachtbaren Welt untermauern? Die Philosophien Platons und Aristoteles' enthielten Antworten auf dieses Problem. Für Platon, so wie er üblicherweise interpretiert wird, bestand die Lösung in der Annahme, daß das, was wir als Wissen ansehen, mit absoluter Sicherheit nur auf eine ideale Welt anwendbar ist, die sich von der natürlichen Welt, in der wir leben, grundsätzlich unterscheidet. So stellt beispielsweise die Geometrie genuines Wissen von einer Welt idealer Würfel und Dreiecke etc. dar, mit denen die kubischen und dreieckigen Gegenstände der realen Welt bestenfalls annähernd übereinstimmen. Mit einem solchen Schritt weicht man dem von mir genannten Problem der Beziehung zwischen abstrakten Verallgemeinerungen wissenschaftlicher Erkenntnis und den ungeordneten Ereignissen in der realen Welt auf jeden Fall aus, denn letztere sind für platonsches Wissen irrelevant. Wie überzeugend Platons Position auch in der Mathematik sein mag, sie bietet kaum eine Lösung des Problems, das sich stellt, wenn man sich auf die Suche nach Wissen über die wirkliche Welt begibt. Aristoteles' Antwort auf unser Problem ist in diesem Zusammenhang dagegen von größerem Interesse. Aristoteles, der die gelegentliche oder gar häufige Unstimmigkeit zwischen den Grundsätzen seiner Naturphilosophie und alltäglichen Beobachtungen erkannte, relativierte Sätze wie „schwere Gegenstände fallen in Richtung Erdmittelpunkt" oder „aus Olivenkernen werden Olivenbäume" durch Zusätze wie „meistens" oder „üblicherweise" (Barnes, 1975). Außerdem unterschied Aristoteles zwischen substantiellen und akzidentiellen Eigenschaften und Verhaltensweisen. So ist zum Beispiel das Fallen eines Blattes substantiell, während sein Flattern im Wind akzidentiell ist. Nur in bezug auf das Substantielle ist Wissen möglich.

Das Relativieren von Verallgemeinerungen durch Zusätze wie „meistens" ist keine befriedigende Antwort auf unser Problem. Während dies vielleicht ein Weg ist, der in der Biologie unter normalen Umständen beschritten werden kann, da zum Beispiel aus Olivenkernen „meistens" Olivenbäume werden, gibt es jedoch auf anderen Gebieten eklatante Gegenbeispiele. Wenn man an das typische Fall-verhalten von Herbstlaub oder Federn denkt, mag es sehr wohl zutreffen, daß nur ein geringer Teil aller fallenden Gegenstände vertikal in Richtung Erdmittelpunkt fällt. Im Mittelalter wurde dieses Thema von einer Reihe von Autoren aufgegriffen, die besonders durch Thomas von Aquin (Wallace, 1981, S. 132ff.) beeinflußt waren. Ihre Behandlung des Themas beinhaltete eine Asymmetrie zwischen Erklärung und Vorhersage. So ist es zum Beispiel grundsätzlich nicht möglich vorherzusagen, daß aus einem bestimmten Kern ein Olivenbaum wird, oder daß ein Stein vertikal nach unten fällt, wenn man ihn fallen läßt, da akzidentielle Ein-flüsse wie das Einwirken von Vögeln oder von Wind zur Störung des natürlichen Laufs der Dinge führen können. Trotzdem behaupteten viele Peripatetiker des Mittelalters, die Tatsache, daß aus einem Kern tatsächlich ein Olivenbaum wird oder ein Stein tatsächlich vertikal fällt, könne durch Rückgriff auf das Wesen von Objekten und durch zugrunde liegende naturbedingte Ursachen erklärt werden. Diese Art der Analyse wurde als Denken *ex suppositione* bezeichnet. Es wurde weiterhin für die Erklärung von seltenen Naturereignissen wie das Auftreten einer Mondfinsternis oder eines Regenbogens herangezogen (Wallace, 1974). Dabei kann nicht vorhergesagt werden, wann ein Regenbogen auftritt, aber wenn ein Regenbogen erscheint, kann man seine Ursache auf die Brechung und Streuung des Sonnenlichtes durch Regentropfen zurückführen.

Dies ist die im Mittelalter entwickelte Weiterführung einer der aristotelischen Antworten auf das von mir genannte Problem der charakteristischen Unstimmig-keit zwischen unseren Theorien und beobachtbaren Ereignissen. Das Denken *ex suppositione* scheint das Problem zunächst aus dem Weg zu räumen. Eine grund-sätzliche Schwierigkeit bleibt jedoch bestehen. Sie betrifft die Methode, mit der man zu kausalen Erklärungen von Ereignissen gelangt, von denen man annimmt, daß sie aufgetreten seien. Die Schwierigkeit hängt eng mit der zweiten aristoteli-schen Antwort auf das oben genannte Problem zusammen. Wie werden die das Verhalten des Lichts bestimmenden Verallgemeinerungen beziehungsweise Gesetze erkannt, die an der Erklärung des Regenbogens beteiligt sind? Welche Methoden genau hat Aristoteles zur Unterscheidung des Substantiellen und Akzi-dentiellen eingesetzt? Weder Aristoteles noch seine Nachfolger im Mittelalter hatten eine adäquate Antwort. In der Aristotelischen Physik zum Beispiel beruhte die Unterscheidung zwischen substantieller und akzidentieller Bewegung auf der Vorstellung eines geordneten kugelförmigen Kosmos, dessen Mittelpunkt die Erde ist. Die substantiellen Bewegungen dienten der Erhaltung dieser Ordnung (Clavelin, 1974, S. 12-21). Hierbei wird keine systematische Methode zur Fest-stellung der Existenz und Beschaffenheit einer solchen Ordnung angeboten. Im Grunde basieren die genannten Aussagen auf den allgemein üblichen Annahmen jener Zeit, wie zum Beispiel der Unbeweglichkeit der Erde und der Unterscheidung zwischen irdischen und himmlischen Regionen. Oder wie S. Gaukroger (1978, S. 124) es ausdrückte: „Die Erklärungsstruktur, mit der wir Aristoteles zufolge arbeiten, ist deshalb inkohärent, da die erforderlichen Erklärungen nicht prinzipiell gegeben werden können". Aristoteles war insofern ein Empiriker, als er glaubte, daß „es Erfahrungssache [ist], die Anfangsannahmen bezüglich eines jeden Gegenstandes bereitzustellen" (Aristoteles: Erste Analytik, 1. Buch, Kap. 30; 1998, S. 143). Dennoch ist es aufgrund von Erfahrung nicht möglich, zur Erkenntnis notwendiger Ursachen zu gelangen und eine Unterscheidung des Substantiellen vom Akzidentiellen zu treffen.

Aber vielleicht suchen wir an der falschen Stelle, wenn wir zur Lösung unseres Problems Philosophen der Antike und des Mittelalters heranziehen. Schließlich wurde bereits im vorangegangenen Kapitel deutlich gemacht, daß Philosophen heute noch um eine adäquate Definition von Wissenschaft ringen. Dieses Buch wäre größtenteils überflüssig, wenn ihre Bemühungen mit Erfolg gekrönt wären. Betrachten wir anstelle der Philosophie lieber das, was Wissenschaft in der Vergangenheit tatsächlich geleistet hat, um herauszufinden, ob darin ein adäquates Instrument zur Erhärtung der These von der Allgemeingültigkeit enthalten ist.

Offensichtliche Anwärter für den Status adäquater wissenschaftlicher Erkenntnis im Rahmen des antiken Griechenlands sind die Euklidische Geometrie und die Archimedische Statik, wobei letztere sich aus der Theorie des Gleichgewichts, des Schwerpunkts und der schwimmenden Körper zusammensetzt. In diesen Wissenschaften wurden auf die Welt anwendbare Annahmen logisch aus den für damalige Zeiten als einleuchtend erachteten, evidenten, ersten Prinzipien oder Axiomen abgeleitet. Im Zusammenhang mit der Euklidischen Geometrie brauche ich auf diesen Punkt nicht genauer einzugehen. Archimedes' Theorie vom Gleichgewicht und Schwerpunkt behandelte Gegenstände als geometrische Formen bestimmten Gewichts, die von gewichtslosen Fäden, die an einer starren Achse mit reibungsfreier Aufhängung befestigt waren, im Gleichgewicht gehalten wurden. Die Grundsätze dieser Theorie stützten sich auf die Euklidische Geometrie, auf die Annahme, daß Körper aufgrund ihres Eigengewichts dazu neigen, nach unten zu fallen, und auf die Regeln der Symmetrie, die als evident galten. (So wurde zum Beispiel angenommen, daß sich aufgrund der Symmetrie ein Gleichgewicht einstellen wird, wenn gleiche Gewichte an gleiche Waagearme aufgehängt werden.) Keine konkrete physische Situation in der realen Welt wird genau dieser von der Euklidischen Geometrie oder der Archimedischen Statik beschriebenen Konstellation entsprechen. Dennoch: Wenn physikalische Situationen ungefähr den Beschreibungen Euklids oder Archimedes' entsprechen, dann kann davon ausgegangen werden, daß die Vorhersagen ihrer Theorien zur Geometrie und Statik vermutlich darauf anwendbar sind. Wenn dieser Standpunkt eingenommen wird, dann ist es ebenso zulässig, Archimedes' Statik durch die Beobachtung wirklicher Waagen zu überprüfen, wie es zulässig ist, Euklids Geometrie durch das Abmessen und Addieren der Winkel eines wirklichen Dreiecks zu überprüfen. So erhält man eine Darstellung der Beziehung zwischen

Theorie und Experiment, die, wie sich zeigt, auf eine Vielzahl statischer und physikalischer Bedingungen zutrifft.

Während die Wissenschaft Euklids und die des Archimedes auf evidente erste Prinzipien zurückgeht, ist in der Astronomie der Antike ein eher empirisch ausgerichteter Weg zur Allgemeingültigkeit angelegt. Durch die sorgfältige Beobachtung des Himmels wurden allgemeine Erkenntnisse in Form einer genauen Beschreibung der beobachtbaren Umlaufbahnen der Sonne, des Mondes und der Planeten gewonnen, Erkenntnisse, die zur Vorhersage von Eklipsen und Konjunktionen nützlich waren und die Grundlage für einen verläßlichen Kalender schufen.

Das Gesetz der Lichtreflexion ist ein weiteres Beispiel allgemeiner, in der Antike erlangter Erkenntnisse. Während einige, wie zum Beispiel Euklid, versuchten, dieses Gesetz durch Rückgriff auf die für sie evidenten Prinzipien zu stützen, betrachtete Ptolemäus es als unerläßlich, das Gesetz im Experiment zu überprüfen. Ptolemäus vermutete ebenfalls, daß die Lichtbrechung einer Gesetzmäßigkeit unterliegt, und entwarf Experimente zu deren Ermittlung, obgleich er hier weniger erfolgreich war. (Vergleiche hierzu meine eher negative Einschätzung der Experimente Ptolemäus' in Chalmers, 1975.)

Die frühen Erfolge der Antike weckten Erwartungen, die nicht eingehalten werden konnten. Wesentliche Fortschritte gegenüber ihrem Beitrag zur Suche nach allgemein anwendbarer wissenschaftlicher Erkenntnis wurden bis zur wissenschaftlichen Revolution nicht erzielt. Erst im nachhinein läßt sich erklären, warum dies gar nicht anders sein konnte. Die von den Wissenschaftlern der Antike eingeführten Verfahrensweisen zur Aufstellung allgemeingültiger, auf die komplexen und ungeordneten Phänomene der realen Welt anwendbaren Regeln werden ihrer Aufgabe nur unter bestimmten Bedingungen gerecht. Die Suche nach evidenten physikalischen Prinzipien erzielte nur in den Bereichen einen gewissen Erfolg, in denen die Alltagswelt der täglichen Erfahrung eine angemessene Grundlage für die Abstrahierung von Prinzipien, die als evident erachtet werden konnten, lieferte. Die Grenzen der Möglichkeiten und der Verläßlichkeit dieser Vorgehensweise werden deutlich, sobald man über den Bereich der alltäglichen Erfahrung hinausgeht. Heute wissen wir zum Beispiel, daß die Astronomie in bestimmten Bereichen gegen die Euklidische Geometrie verstößt und daß die Statik Archimedes' zur Vorhersage des Verhaltens einer Waage in einem Raumschiff nutzlos wäre. Diese Grenzen wurden natürlich erst in der Moderne erkannt. Im Rahmen des vorliegenden historischen Überblicks ist die Tatsache wichtiger, daß in vielen Bereichen Prinzipien, die als plausibel und evident erachtet werden konnten, vollkommen fehlten. Dieses Problem stellte sich Galilei, als er versuchte, Archimedes' Verfahrensweisen von der Statik auf bewegte Körper zu übertragen. Gesunder Menschenverstand oder die alltägliche Erfahrungswelt bieten keinerlei evidente Prinzipien, die zum Beispiel das Fallgesetz hervorbringen konnten.

Was die mehr empirisch ausgerichteten Erfolge der Antike anbelangt, so können wir erkennen, daß sie von einigen sehr kontingenten Merkmalen der physischen Welt abhängig sind. Da unser Sonnensystem aus einer großen Sonne und einigen kleineren Planeten, die nicht wesentlich interagieren, besteht, sind die Bewegungen der Erde und der Planeten hinreichend gleichmäßig, so daß mit Hilfe empirischer Beobachtung signifikante Regelmäßigkeiten festgestellt werden können. Von unserem heutigen Standpunkt aus kann man sagen, daß das Sonnensystem ein sehr seltenes Beispiel eines zweckmäßigen experimentellen Versuchsaufbaus ist, den die Natur zufälligerweise hervorgebracht hat. Auch das normale Verhalten von Lichtstrahlen unter einer großen Anzahl von alltäglichen Gegebenheiten kann kontingenten Merkmalen unserer Welt zugeschrieben werden. Die Interaktion zwischen Licht und Gravitationsfeldern ist sehr gering, und die Wellenlänge optisch wahrnehmbaren Lichts ist ausreichend kurz, um die Beugungseffekte auf makroskopischer Ebene auf ein Minimum zu reduzieren.

In Anbetracht der in der Antike entwickelten Verfahrensweisen waren ihre Erfolge bei der Aufstellung allgemeiner wissenschaftlicher Erkenntnis zwangsläufig auf eine begrenzte Anzahl von Sonderfällen beschränkt.

3.4 Allgemeingültigkeit und Experiment: Galilei

Die Galileische Physik zeigt uns eine neue Lösung des Problems, wie wissenschaftliche Verallgemeinerungen zu belegen sind. Wie bereits im vorherigen Kapitel gezeigt wurde, war das Hauptziel der Galileischen Physik, die Verfahrensweisen der Archimedischen Statik auf bewegte Körper zu übertragen (Clavelin, 1974; Shea, 1972). Im folgenden soll gezeigt werden, wie dies Galilei dazu brachte, die Rolle des Experiments in der Wissenschaft neu zu definieren.

Bei seinen frühen Versuchen zur Bewegung arbeitete Galilei mit idealisierten Bedingungen: Waagen mit reibungsfreier Aufhängung, vollkommen runde Kugeln, die eine geneigte Ebene herunterrollen etc. Dabei war sich Galilei nach eigener Aussage durchaus des Problems bewußt, wie die Behandlung dieser idealisierten Situationen mit den Systemen der realen Welt zusammenzubringen sei, und warnte davor, daß „man nicht überrascht sein sollte, wenn ein Experiment nicht zu dem gewünschten Ergebnis führt" (Galilei, 1960, S. 68). Jedoch kommt dies dem Eingeständnis gleich, daß Galileis Theorie nicht durch Experimente belegt werden kann. Wenn man weiterhin zugesteht, daß das Zurückgreifen auf Evidenz ebenso inadäquat für diese Zwecke ist, läßt sich erkennen, daß Galilei in diesem Stadium an der Lösung des angesprochenen Problems scheiterte.

Galileis spätere Physik hingegen impliziert eine qualitative Lösung. Seine Bewegungslehre beinhaltete die Annahme, daß alle Körper die natürliche Tendenz besäßen, sich mit gleichmäßiger Beschleunigung abwärts zu bewegen, und daß die horizontale Bewegung stets gleich bleibt, Annahmen, die zusammengenommen die parabolische Flugbahn von Projektilen erklärten. Galilei war sich bewußt, daß sich diese Annahmen nicht grundsätzlich durch Erfahrung bestätigen ließen,

„daß unsere abstrakt gezogenen Schlüsse sich in Wirklichkeit anders darstellen und dermaßen falsch sein werden, daß weder die Transversalbewegung gleichförmig noch die beschleunigte Bewegung in dem angenommenen Verhältnis zustande kommt, ja, daß auch die Wurflinie keine Parabel sei" (Galilei, 1987, S. 401).

Ein Hauptgrund, warum tatsächliche Bewegungen nicht grundsätzlich mit den in Galileis Lehre beschriebenen Bewegungen übereinstimmen, ist die Existenz einer Vielzahl von bewegungshemmenden Widerständen.

„Solange wir auch nur den Widerstand der Luft berücksichtigen, so wird dieser alle Bewegungen stören, auf unendlich verschiedene Weise, da Gestalt, Gewicht, Geschwindigkeit der geworfenen Körper sich unendlich verschieden ändern können" (Galilei, 1987, S. 402f.).

Aufgrund solcher Probleme konnten die grundlegenden Elemente der Theorie Galileis nur unter experimentellen Bedingungen getestet werden, die speziell zu diesem Zweck entworfen wurden. Das berühmteste Beispiel hierfür waren seine Experimente mit geneigten Ebenen. Galilei überprüfte seine Hypothesen bezüglich der Trägheit und des freien Falls, indem er eine „völlig runde und glattpolierte Messingkugel" so gerade wie möglich eine Rinne hinabrollen ließ. Um die Reibung auf ein Minimum zu beschränken, war in dieser Rinne inwendig ein „sehr glattes und reines Pergament aufgeklebt" (Galilei, 1987, S. 393).

Die Bewegungen, die zur Veranschaulichung und Überprüfung von Galileis Lehre dienten, sind keine natürlichen Bewegungen. Bei einer wichtigen von Galilei untersuchten Bewegungsfolge zum Beispiel rollte eine Kugel eine schiefe Ebene hinab, wurde auf eine horizontale Ebene abgelenkt und fiel schließlich im freien Fall von der Ebene hinab (Drake, 1973). Galilei mußte zur Überprüfung seiner Theorien künstliche Bedingungen schaffen, die unerwünschte Effekte auf ein Minimum reduzierten. Galilei führte eine Reihe neuer Verfahrensweisen zur Minimierung von Störungen sowie Techniken ein, mit Hilfe derer man noch verbleibende Störungen besser in den Griff bekommen konnte, Techniken, die seither zur gängigen Praxis in der Experimentalphysik geworden sind (s. Koertge, 1977).

Das Wissenschaftsbild, das der Bewegungslehre Galileis am besten Rechnung trägt, kann folgendermaßen zusammengefaßt werden: Wissenschaftliche Gesetze und Theorien beschreiben die Tendenzen von Systemen, sich auf bestimmte Weise zu verhalten. Unter realen physikalischen Bedingungen sind diese Tendenzen auf komplexe Art miteinander verbunden, so daß sich auf der Ebene beobachtbarer Ereignisse nur wenige Regelmäßigkeiten nachweisen lassen. Durch experimentelles Eingreifen kann versucht werden, die einzelnen Tendenzen isoliert zu untersuchen und die sie bestimmenden Gesetze zu erkennen. Von diesen Gesetzen, deren Vorhandensein durch experimentelle Eingriffe erkundet werden soll, wird nun erwartet, daß sie sowohl unter realen als auch unter experimentellen Bedingungen Gültigkeit besitzen (Bhaskar, 1978). Dies ist die Lösung Galileis für das Problem der Verallgemeinerung, die seither selbstverständlicher Bestandteil der Physik ist.

Allerdings sind Einschränkungen bezüglich der Beschaffenheit dieser „Lösung" notwendig. Es gibt keine Apriorigarantie dafür, daß die in Experimenten identifizierten Gesetze auch außerhalb der experimentellen Situation Gültigkeit besitzen. Welche Erkenntnisse auch außerhalb des Experiments Gültigkeit besitzen, muß die Praxis lehren. Die von der Physik seit Galilei erzielten Erfolge reichen aus, um auch den extremen Skeptiker in dieser Hinsicht in Erstaunen zu versetzen. Sie sollten aber dennoch nicht überbewertet werden. Während sich die Physik beim Einsatz unter künstlich konzipierten technologischen Bedingungen als überaus leistungsfähig erwiesen hat, zeigte sich doch auch, daß ihre Möglichkeiten, die natürliche Welt zu erklären, von einigen Aspekten der Astronomie abgesehen, begrenzt sind. Dies zeigt sich am Beispiel der notorischen Unzuverlässigkeit von Wettervorhersagen oder, noch schlimmer, in unserer Unzulänglichkeit, die Folgen für die Umwelt abzuschätzen, die durch den technologischen Eingriff in die Natur entstehen.

Eine zweite notwendige Einschränkung betrifft die Tatsache, wie wenig sich Galilei der Implikationen seiner experimentellen Praxis bewußt war. Nach meiner Interpretation hat Galilei das problematische Ziel der Allgemeingültigkeit in der Wissenschaft so abgeändert, daß es zu einem gewissen Grad praktisch erreichbar war. „Unter einfachen und, wenn notwendig, künstlichen Bedingungen sind gesetzesähnliche Verallgemeinerungen zu identifizieren, von denen man annimmt, daß sie unter allen Bedingungen, wie komplex sie auch sein mögen, gelten" (Wisan, 1978, S. 3f.). Natürlich hat Galilei selbst seine Innovationen nicht in dieser Weise aufgefaßt. Er blieb dem euklidischen und archimedischen Ideal verhaftet und versuchte oft, seine Bewegungslehre so darzustellen, als sei sie von evidenten Grundsätzen ableitbar; ein Anspruch, der nicht überzeugend aufrechterhalten werden konnte und der mit seinen Experimenten nicht übereinstimmte.

Eine dritte Einschränkung, die hier hinzugefügt werden müßte, ist, daß Galileis Konzeption der Experimente gewiß keine Methode zum Nachweis sicherer allgemeingültiger Aussagen liefert. Die erkenntnistheoretischen Implikationen der Experimente Galileis werden in Kapitel 5 diskutiert.

3.5 Fortschritt statt Gewißheit

In Abschnitt 3.4 wurde deutlich, daß Galileis Physik eigentlich eine Abkehr von der Vorstellung beinhaltete, Wissenschaft basiere auf evidenten Wahrheiten, während in Kapitel 2 gezeigt wurde, daß Newtons Physik eine Abkehr von der Vorstellung bedeutete, wissenschaftliche Gesetze seien endgültige, auf Gewißheit beruhende Wahrheiten. Diese Entwicklungen, die der modernen Physik ihren Weg weisen, können in der Behauptung zusammengefaßt werden, die moderne Wissenschaft habe das utopische Ziel der Gewißheit durch die Forderung nach ständiger Weiterentwicklung und stetigem Fortschritt ersetzt. Das Postulat des Fortschritts impliziert, daß eine gute Theorie eine Aussage macht, die vorher noch nicht bekannt war. Dem Grad, mit dem eine Theorie zur erfolgreichen Vorhersage qualitativ neuer Phänomene führt, kommt dabei besondere Bedeutung zu. (Die Betonung von Fortschritt und neuartigen Vorhersagen gehört zu den Charakteristika der Wissenschaftsphilosophien von Popper und Lakatos.)

Die Bedeutung der oben angeführten Betrachtungen wurde wichtig, als es gegen Ende des 17. Jahrhunderts und Anfang des 18. Jahrhunderts zum Streit zwischen Cartesianern und Newtonianern kam. Die Newtonianer behaupteten – durchaus berechtigt – die Cartesianische Physik könne nur bereits bekannte Phänomene erklären, und auch dies sei nur über das Postulat von Mechanismen, die speziell zu diesem Zweck ad hoc entworfen worden waren, möglich. So sollten zum Beispiel Ätherwirbel bereits bekannte Planetenbewegungen erklären, und bereits bekannte magnetische Phänomene wurden durch Ströme rechts- und linksdrehender Partikel erklärt, die von Magneten ausgeschieden werden und durch rechts- und linksdrehende Poren in magnetisches Material fließen. Im Gegensatz dazu behaupteten die Newtonianer – ebenfalls durchaus berechtigt – , daß die Newtonsche Mechanik nicht nur bereits bekannte Phänomene wie die Planetenbewegungen auf einfache Art und Weise erklären könne, sondern auch zur Vorhersage bisher unbekannter Phänomene wie zum Beispiel der Tatsache, daß die Erde nicht vollkommen rund ist, der genauen Beschreibung, wie die Beschleunigung der Schwerkraft mit der Entfernung vom Erdmittelpunkt variiert und schließlich zur spektakulären Vorhersage der Rückkehr des Halleyschen Kometen herangezogen werden kann. Die Erkenntnis, daß einer der Verdienste der Newtonschen Theorie in dem Ausmaß liegt, in dem sie zu neuen Entdeckungen führte, wurde zum Beispiel von H. Pemberton in seinem 1728 erschienenen Buch „A View of Sir Isaac Newton's Philosophy" betont. Er merkte an, daß die Newtonsche Theorie „zur Kenntnis von Dingen geführt hat, vor deren Entdeckung jeder geradezu für verrückt erklärt worden wäre, der auch nur in Erwägung gezogen hätte, daß unsere Fähigkeiten jemals so weit reichen könnten" (Pemperton, 1728, zit. n. Lakatos, 1982d, S. 228). Aus heutiger Sicht ist es möglich, viele spektakuläre Beispiele für erfolgreiche neuartige Erkenntnisse der Physik hinzuzufügen, wie die von Maxwell vorhergesagte und von Hertz umgesetzte Theorie der Radiowellen oder die von Einsteins Allgemeiner Relativitätstheorie vorhergesagte und von Eddington entdeckte Lichtbrechung.

Wie wichtig die Betonung der Weiterentwicklung und des Fortschritts wissenschaftlicher Erkenntnis ist und welche besondere Bedeutung neuartigen Vorhersagen zukommt, wird auch durch die folgenden allgemeinen Überlegungen unterstützt. Wie ich bereits in Abschnitt 2.2 betonte, gelangen Individuen weder allein noch völlig aus dem Nichts zur Erkenntnis. Wir werden alle in einen epistemologischen Kontext hineingeboren, in dem bereits ein beträchtliches Maß an Wissen und verschiedene Methoden zu seiner Erlangung sowie Weiterentwicklung und Verbesserung vorhanden sind. Doch dies möchte ich nicht als eine Aprioriwahrheit hinstellen. Es ist durchaus denkbar, daß radikale Empiristen mit der Behauptung recht haben könnten, Individuen könnten ohne sonstige geistige Vorprägung allein durch Sinneswahrnehmungen zur Erkenntnis gelangen. Auch Descartes könnte mit seiner Aussage recht haben, Individuen seien in der Lage,

notwendige Wahrheiten allein durch das *natürliche Licht ihres Verstandes* aufzustellen. Es gibt jedoch eine Vielzahl von Beweisen im Bereich der menschlichen
Sinneswahrnehmung, der Sprache und des Lernverhaltens sowie im Bereich der
Geschichte des Wissens im allgemeinen und der Wissenschaft im besonderen, die
solche Behauptungen widerlegen. Es gibt keinen Archimedischen Punkt, von dem
aus Wissen erlangt und beurteilt werden kann. Wir haben keine andere Alternative, als von dem jeweiligen Stand der Dinge auszugehen und den Versuch zu
unternehmen, vorhandenes Wissen durch Anwendung und Verbesserung der uns
zur Verfügung stehenden Methoden zu erweitern und zu verbessern. Neue
Ansprüche auf Wissenschaftlichkeit müssen vor dem Hintergrund des bereits
Bekannten und Akzeptierten beurteilt werden, das heißt sie müssen danach beurteilt werden, in welchem Maße sie einen Fortschritt gegenüber Früherem darstellen. Die Fähigkeit, neuartige Phänomene erfolgreich vorherzusagen, ist sicherlich
ein wesentliches Indiz für einen solchen Fortschritt.

Das Ziel der Gewißheit durch das Ziel der Weiterentwicklung und des Fortschritts in der modernen Wissenschaft zu ersetzen, bedeutet allerdings eine Herab-
setzung der Ansprüche, welche die Wissenschaftler der Antike anstrebten. Es
bedeutet, daß ein utopisches durch ein erreichbares Ziel ersetzt wird. Die voran-
gegangene Diskussion zeigt jedoch auch, daß die Anforderungen an die moderne
Wissenschaft im Vergleich zu denen der Antike viel anspruchsvoller sind. Die
Forderung nach kontinuierlichem Fortschritt und besonders nach qualitativer
Innovation ist nicht nur überaus anspruchsvoll, sondern impliziert auch einen
Anspruch, den man in der Antike als utopisch bezeichnet hätte. Das Ausmaß, in
dem die moderne Wissenschaft die Fähigkeit zum Fortschritt und zur Entdeckung
neuartiger Phänomene besitzt und die Art und Weise ihres Vorgehens ist eine
Entdeckung beziehungsweise Leistung der Praxis, die nicht voraussehbar war.

3.6 Das Ziel von Wissenschaft

Vor dem Hintergrund der in diesem Kapitel dargelegten Ausführungen läßt sich
das Ziel der Wissenschaft folgendermaßen sinnvoll zusammenfassen: Die Wissenschaft der Physik verfolgt das Ziel, auf die physikalische Welt anwendbare
Verallgemeinerungen aufzustellen. Dazu muß ihr aber ein Instrumentarium zur
Verfügung stehen, mit dem sie diese Verallgemeinerungen begründen kann. Zumindest seit der wissenschaftlichen Revolution sind wir in der Lage zu erkennen,
daß allgemeine wissenschaftliche Thesen (Gesetze und Theorien) nicht a priori
substantiiert werden können, und wir haben allen Grund, uns mit der Tatsache
abzufinden, daß die Forderung nach absoluter Gewißheit utopisch ist. Die Forderung jedoch, daß unser Wissen einem kontinuierlichen Wandel unterworfen wird,
sich ständig weiterentwickelt und vergrößert, ist nicht utopisch.

In welchem Maße nun stellt diese Interpretation des Ziels der Wissenschaft
einen Ersatz für die im vorangegangenen Kapitel verworfene universelle Methode
dar und wie kann verhindert werden, daß man nun in eine radikale „Anything

goes"-Haltung verfällt? Wenn wir in der Wissenschaft dieses Ziel anstreben wollen, so können – unter Rückgriff auf meine Beschreibung dieses Ziels – einige sehr allgemeine Richtlinien für Methoden und Maßstäbe sinnvoll vertreten werden. So können wir zum Beispiel fordern, daß Anwärter auf den Status wissenschaftlicher Gesetze und Theorien sich durch strenge Überprüfungen in der realen Welt bewähren müssen, um so ihre Überlegenheit über rivalisierende Theorien nachzuweisen. Es kann hinzugefügt werden, daß in der Physik eine solche „strenge Überprüfung" (um Poppers treffenden Ausdruck zu verwenden) üblicherweise mit Experimenten verbunden und daß dabei die erfolgreiche Vorhersage neuer Phänomene von besonderer Bedeutung ist. Alle Methoden und Maßstäbe, die substantiell über diese recht unbestimmten Thesen hinausgehen, müssen in der Praxis im Rahmen der jeweiligen Einzelwissenschaft erarbeitet werden.

Diese Thesen, die kaum über den Status sehr grober schematischer Richtlinien beziehungsweise einer bestimmten Orientierung hinausgehen und die weit hinter einer festgelegten Methodologie zurückbleiben, dem viele Philosophen umfangreiche Werke und Artikel widmeten, reichen aber dennoch aus, um zur Bekämpfung extremer Formen des Relativismus und Skeptizismus beizutragen. Im besonderen können Veränderungen bei fundierten Methoden, Maßstäben – und wenn man so will – auch Paradigmen danach beurteilt werden, in welchem Maße sie dem Ziel des Erkenntnisfortschritts dienen. Ich behaupte, daß dies möglich ist und daß Wissenschaft in einer Weise praktiziert werden kann – was viele Beispiele der Vergangenheit und der Gegenwart zeigen – , daß sie hauptsächlich wissensproduzierenden Interessen dient und nicht anderen, persönlichen, klassenspezifischen oder ideologischen Interessen. Eines der Ziele der nachfolgenden Kapitel ist es, diese Ansicht dem Anarchismus Feyerabends und dem Relativismus einiger zeitgenössischer Wissenschaftssoziologen gegenüberzustellen und zu begründen. Dies macht Wissenschaft, wie ich im letzten Kapitel noch deutlich zum Ausdruck bringen werde, nicht etwa steril oder immun gegenüber politischer oder gesellschaftlicher Kritik, vielmehr hoffe ich, daß meine Analyse den Weg zu einer solchen Kritik freimacht.

Der von mir unternommene Versuch einer Beschreibung des Ziels von Wissenschaft muß allerdings relativiert werden, um einigen möglichen Fehlinterpretationen meines Standpunkts vorzubeugen. Ich gehe davon aus, daß eine adäquate Vorstellung vom Ziel der Wissenschaft zu ihrer Verteidigung gegenüber einen extremen Skeptizismus beitragen kann und eine Beurteilung des Anspruchs an Wissen erlaubt, der gemessen an diesem Ziel nur eine schwache normative Kraft besitzt. Ich möchte jedoch nicht dahingehend interpretiert werden, daß ich das Ziel der Wissenschaft als Nonplusultra betrachte, das notwendigerweise Vorrang vor allen anderen Zielen hat. Es ist durchaus vorstellbar, daß das Problem des gerechten Einsatzes bereits bekannter wissenschaftlicher Erkenntnis in der heutigen Gesellschaft viel dringlicher ist, als die Produktion weiterer wissenschaftlicher Erkenntnis.

Eine zweite Einschränkung betrifft die Erkenntnis, daß die Praxis der Wissenschaft und die Verfolgung ihrer Ziele in unserer oder irgendeiner anderen

Gesellschaft unvermeidlich auch mit anderen Lebensbereichen und unterschiedlichen Zielen verwoben ist. Die These aufzustellen – wie ich es hier tue – daß es
möglich ist, das Ziel der Wissenschaft von anderen Zielen zu unterscheiden, darf
nicht mit der wesentlich stärkeren These gleichgesetzt werden, daß diese unterschiedlichen Aspekte auch immer voneinander getrennt gehalten werden können.
Auf diese Einschränkungen werde ich im Kapitel 8 noch näher eingehen.

4

Zur Objektivität von Beobachtung

4.1 Empiristische Thesen im Kreuzfeuer

Viele Befürworter des positivistischen Ansatzes, die eine allgemeine Beschreibung der Wissenschaft und ihrer Methoden anstreben, halten es für erforderlich, daß die Wissenschaft auf eine sichere Grundlage gestellt werde. Im allgemeinen gehen sie davon aus, daß diese sichere Grundlage von unseren Sinnen geliefert wird und Wissenschaft auf „objektiven" Tatsachen basiert, die durch den sorgsamen Gebrauch der Sinne gewonnen werden.

Die empiristische These bezüglich der Frage, inwieweit uns eine objektive Beobachtungsgrundlage für die Wissenschaft zur Verfügung steht, ist in den letzten Jahrzehnten von Wissenschaftsphilosophen stark kritisiert worden. Sie verweisen auf die nicht vorgegebene, revidierbare, fehlbare und theorieabhängige Natur von Beobachtung und Beobachtungsaussagen. Auch ich habe im dritten Kapitel meines Buches „Wege der Wissenschaft" (Chalmers, 4. Aufl. 1999) diese Argumentation vertreten. Obwohl ich noch immer der Ansicht bin, daß die Kritik an den empiristischen Thesen über die Grundlagen der Erkenntnis größtenteils berechtigt ist, möchte ich doch der oft – unter anderen von meinen Studenten – daraus gezogenen Schlußfolgerung entgegentreten, daß Beobachtung daher zwingenderweise „subjektiv" sein müsse, daß also beobachtbare „Tatsachen" abhängig vom Beobachter, seiner Psyche, Geschichte und Kultur seien.

In diesem Kapitel soll der subjektivistischen und relativistischen Erwiderung auf die Kritik des Empirismus entgegengetreten werden. Es soll untersucht werden, inwiefern Beobachtung in der Art, wie sie in der Wissenschaft eingesetzt wird, objektiv ist, insbesondere wenn die Sinne von geeigneten Instrumenten unterstützt werden. Dennoch spielt mein Eintreten für Beobachtung den Empiristen, die Beobachtung als sichere Erkenntnisgrundlage ansehen, nicht in die Hände, denn meine Argumentation, daß etwa Galileis Einführung des Teleskops in die Astronomie eine Änderung der Maßstäbe beinhaltete, nach denen beurteilt wurde, was als beobachtbare Tatsache anzusehen sei, richtet sich gerade gegen die

Empiristen. Dennoch wende ich mich auch gegen die radikalen Relativisten, wenn ich behaupte, daß Galileis Neuerungen im Hinblick auf das Ziel der Wissenschaft einen wesentlichen Fortschritt darstellten. Versuche, den empiristischen Ansatz der Physik durch Rückgriff auf die subjektiven Aspekte von Beobachtung zu untergraben, halte ich für verfehlt und werde daher im fünften Kapitel andere, meines Erachtens treffendere Argumente gegen die empiristische These, daß die Sinne eine sichere Grundlage für die Wissenschaft liefern, vorbringen – Argumente, die sich nicht auf die problematischen Grundzüge der Wahrnehmung stützen.

4.2 Theorieabhängigkeit von Beobachtung

Das häufig vorgebrachte Argument gegen die Behauptung der Empiristen, dem sorgsamen Beobachter seien objektive Tatsachen durch die Sinne gegeben, ist der Hinweis darauf, daß die Wahrnehmungserfahrungen des einzelnen nicht allein durch die physikalischen Merkmale des beobachteten Objekts bestimmt werden, sondern auch von Erwartungen und Erfahrungen, einschließlich des theoretischen Hintergrundwissens des jeweiligen Beobachters abhängig sind. Wo ein Laie zum Beispiel beim Anblick eines Röntgenbildes der Brust wahrscheinlich lediglich Rippen und einige dunkle Flecken sieht, diagnostiziert ein erfahrener Radiologe Narben und andere Krankheitszeichen. Ebenso wird ein erfahrener Mikroskopist den Vorgang einer Zellteilung erkennen, wo James Thurber (1933) nur eine „nebulöse, milchige Substanz" zu erkennen vermochte. Anhand eines Beispiels aus der Geschichte der Geologie läßt sich das Problem noch deutlicher darstellen. Es handelt sich um horizontale Formationen an den Bergen von Glen Roy in Schottland, die Straßen ähneln. Was einzelne Geologen als beobachtbare Tatsachen beschrieben, war von Fall zu Fall verschieden und variierte wahrscheinlich je nach theoretischem und Erfahrungshintergrund. „Die unterschiedlichen Theorien führten zu unterschiedlichen Erwartungen hinsichtlich Größe und Lage der Straßen, und entsprechend wurden von verschiedenen Beobachtern unterschiedliche Ergebnisse erzielt" (Bloor, 1976, S. 21).

Diese durchaus legitimen Überlegungen bezüglich der wesentlichen Grundzüge der menschlichen Wahrnehmung wurden von Wissenschaftsphilosophen benutzt, um die typischen Auffassungen der Empiristen über die Rolle der Beobachtung in der Wissenschaft zu untergraben (Hanson, 1958; Kuhn, 1979). Es ist unschwer nachzuvollziehen, daß diese Argumentation zu einer durch und durch relativistischen Position führen kann, wobei folgendermaßen argumentiert wird: Die Empiristen gehen davon aus, daß die menschliche Wahrnehmung objektive Tatsachen über die Welt liefert, welche die Grundlage für die wissenschaftliche Erkenntnis bilden. Die menschliche Wahrnehmung ist jedoch nicht objektiv, sondern sie ist in besonderem Maße gekennzeichnet von der Subjektivität des Beobachters, von seinem kulturellen und theoretischen Hintergrund sowie seinen Erwartungen und Ansichten. Urteile darüber, was beobachtbare Fakten in der jeweiligen Situation sind, werden von Person zu Person, von Kultur zu Kultur und theoretischer Schule zu theoretischer Schule variieren. Setzt man diese Relativität von beobachtbaren Tatsachen voraus, so ist auch die Wissenschaft, die auf ihnen beruht, als relativ anzusehen, das heißt als abhängig von Personen, Kulturen und theoretischen Schulen.

Derartige Überlegungen sind derzeit in der Wissenschaftsphilosophie üblich und laufen meist unter dem Stichwort der „Theorieabhängigkeit von Beobachtung". Vielen Argumenten, die in solchen Diskussionen vorgebracht werden, kann man zustimmen, jedoch erscheint eine Überbetonung der subjektiven und psychologischen Aspekte der Wahrnehmung einzelner Beobachter fehl am Platz und leistet nur einer radikal relativistischen Position Vorschub, worauf ich später noch näher eingehen werde.

Das folgende ausführliche Beispiel soll diese Auffassung veranschaulichen: In seinen Ausführungen zu Galileis Wissenschaft, die seine Argumentation *wider den Methodenzwang* stützen sollen, führt Feyerabend (1983) aus, daß die von Galilei befürwortete Anerkennung der Kopernikanischen Theorie nicht nur einen Theorienwechsel beinhaltete, sondern auch einen Wechsel der Auffassung über das, was als empirische Tatsachen anzusehen sei. Vor der Kopernikanischen Revolution umfaßte die Wissenschaft Tatsachen wie „die Erde bewegt sich nicht" und „die Bewegung eines fallenden Steins ist geradlinig", wohingegen man nach der Kopernikanischen Revolution anerkannte, daß die Erde sich um ihre eigene Achse und sich als Körper um die Sonne dreht, wobei die geradlinige Komponente der Bewegung eines fallenden Steins die Erdbewegung überlagert, so daß seine tatsächliche Bewegung „gemischt geradlinig und kreisförmig" ist. Folglich beinhaltete nach Feyerabend (1983, S. 114) die Argumentation, die Galilei entwickelte, um die Kopernikanische Theorie zu verteidigen, entgegen der traditionellen empiristischen Annahme, eine „Veränderung der Erfahrung" und eine „teilweise Revision unserer Beobachtungssprache" (Feyerabend, 1983, S. 112).

Wenn man sich mit den Einzelheiten von Feyerabends Konstruktion des Wandels der Beobachtungsgrundlagen von Wissenschaft beschäftigt, stellt man fest, daß dieser Wandel einem subjektiven oder psychologischen Wandel in der Person des Beobachters zuzuschreiben ist. Feyerabend argumentiert folgendermaßen: Wenn man die Situationsbeschreibung eines Beobachters betrachtet, kann man den Vorgang abstrakt in zwei Teile zerlegen – die Wahrnehmung einer Erscheinung, das heißt die mentalen Erfahrungen, denen sich ein Beobachter unterzieht, wenn er mit einer Situation konfrontiert wird sowie die verbale Beschreibung der Situation, die ihr der Beobachter angesichts des Sinneseindrucks zuordnet. Feyerabend besteht jedoch darauf, daß sich zwar für analytische Zwecke eine Trennung zwischen Sinneserscheinung und verbalem Ausdruck machen lasse, die beiden Prozesse in der Praxis jedoch untrennbar miteinander verbunden seien. Ein Beobachter habe nicht zuerst eine Sinneswahrnehmung, wenn er einen fallenden Stein sehe, und interpretiere diese dann als Indiz für einen senkrecht fallenden Stein. Er sehe vielmehr einen fallenden Stein und werde daher die Aussage „der Stein fiel geradlinig nach unten" akzeptieren. Feyerabend räumt dabei ein, daß das Aufspalten von Beobachtung in die genannten zwei Aspekte, wenn auch nur zu Analysezwecken, eine Vereinfachung darstelle, die nur begrenzt zulässig sei, da unsere Sinneseindrücke von ihrem sprachlichen Ausdruck beeinflußt werden könnten. Sehe man jedoch von diesem Vorbehalt ab, könne man die Trennung beibehalten und behaupten, daß der Beobachter, der eine Situation beschreibe, automatisch eine Verbindung herstelle, zwischen der Wahrnehmung der Erscheinung und dem sprachlichen Ausdruck der Erscheinung, der ihr aufgrund des Sinneseindrucks zugeordnet werde. Feyerabend (1983, S. 95) nennt jene „geistige Operationen, die sich ... eng an die Sinne anschließen" und die Verbindung zwischen dem Sinneseindruck und dem Akzeptieren seiner Beschreibung herstellen, „natürliche Interpretationen". Laut Feyerabend werden uns diese natürlichen Interpretationen von Kindheit an mitgegeben. Wir eignen sie uns während des Spracherwerbs an, denn sie erlauben es uns, Sprache mit beobachtbaren Situationen zu verbinden. Darüber hinaus hätten die zu einem bestimmten Zeitpunkt in einer Sprache und Kultur enthaltenen natürlichen Interpretationen in der Regel schon während früherer Generationen Eingang in den Beobachtungsprozeß gefunden und seien in der Folge Teil desselben geworden. Daher sei ihr Wesen und ihr Vorhandensein dem einzelnen nicht unbedingt bewußt.

Nach Feyerabend beinhalten Beobachtungen eines fallenden Steins eine natürliche Interpretation, die ein wesentlicher Bestandteil des Alltagsdenkens im 17. Jahrhundert war und die von Galilei in Frage gestellt werden mußte. Sie beinhaltete die Vorstellung vom absoluten Raum, der im wesentlichen durch das Planeten- und Sternensystem mit einer unbeweglichen Erde im Mittelpunkt definiert war. Mit der natürlichen Interpretation ging die Vorstellung von absoluter Bewegung in diesem Raum einher sowie die Annahme, daß diese absolute Bewegung in ihren Auswirkungen beobachtbar sei. Im allgemeinen werden von den Sinnesorganen nur wirkliche Bewegungen genau registriert. Ein von natürlichen Interpretationen eingenommener Beobachter wird automatisch die beobachtete Bewegung eines fallenden Steins für seine „wirkliche" Bewegung im absoluten Raum halten. Die Beobachtung seines geradlinigen Falls steht im Widerspruch zu den Konsequenzen der Kopernikanischen Theorie, die besagt, daß seine Bewegung „gemischt geradlinig und kreisförmig" sein solle. Die Kopernikanische Theorie wird aus der Sicht des Alltagsdenkens im17. Jahrhundert mit ihren natürlichen Interpretationen, die automatisch und unbewußt von denjenigen, die sie verinnerlicht haben, eingesetzt werden, widerlegt. Denn „wie könnte es einem jemals entgehen, daß der fallende Stein eine sehr ausgedehnte Bahn im Raume beschreibt" (Feyerabend, 1983, S. 97).

Die Einzelheiten von Feyerabends Auffassung über die Art und Weise, in der Galilei den notwendigen Wandel in der wissenschaftlichen Beobachtungsgrundlage herbeiführte, sind an dieser Stelle nicht von Interesse, sie sind in dem Buch „Wege der Wissenschaft" schon ausführlich besprochen worden. Wert gelegt werden soll jedoch auf das Ausmaß, in dem Feyerabend den Wandel als einen Wandel in den subjektiven Eindrücken und Erfahrungen des Beobachters auslegt. Er betrachtet den Wandel als das Auswechseln einer Reihe von natürlichen Interpretationen durch andere. Galilei „besteht auf einer *kritischen Diskussion*, die entscheiden soll, welche natürlichen Interpretationen beibehalten werden können und welche ersetzt werden müssen" (Feyerabend, 1983, S. 94). „Galileis erster Schritt bei seiner gleichzeitigen Untersuchung der Kopernikanischen Lehre und einer verbreiteten, aber verborgenen natürlichen Interpretation besteht also darin, *letztere durch eine andere Interpretation zu ersetzen.* Mit anderen Worten, *er führte eine neue Beobachtungssprache ein*" (Feyerabend, 1983, S. 101). Hierdurch „setzt [er] die Sinne wieder als Forschungsinstrumente in ihr Recht" (Feyerabend, 1983, S. 101). Aus Feyerabends Sicht bleiben daher Beobachtungen einzelner Personen die Grundlage zur Überprüfung von Theorien. Wenn man berücksichtigt, daß für Feyerabend natürliche Interpretationen „geistige Operationen" sind, „die sich ... eng an die Sinne anschließen und mit ihren Reaktionen so fest verbunden sind, daß eine Trennung nur schwer möglich ist" (Feyerabend, 1983, S. 94), beinhaltet die Substitution einer Reihe von natürlichen Interpretationen durch eine Reihe anderer natürlicher Interpretationen die Substitution von geistigen Operationen durch andere Operationen.

In der Zeit vor Galilei war der normale Beobachter also aufgrund seines kulturellen Hintergrundes, seiner Alltagserfahrungen, seiner Sprache etc. in einer Weise programmiert, die zu einer bestimmten Reihe von Beobachtungserfahrungen und der ihnen entsprechenden Beobachtungssprache führte, wohingegen der Beobachter, der mit den Argumenten Galileis konfrontiert wurde, in einer neuen Weise *programmiert* wurde, die zu neuen Beobachtungserfahrungen und zu einer neuen Beobachtungssprache führte. Der Wandel der Beobachtungssprache findet im einzelnen Beobachter statt, wobei es sich im wesentlichen um einen psychischen Wandel handelt.

Ich halte Feyerabends Argumente gegen den Empirismus für wenig überzeugend. Ich habe den Verdacht, daß sich die Eindrücke der Beobachter des 20. Jahrhunderts beim Anblick eines fallenden Steins, des Sonnenaufgangs oder der vermeintlich unbeweglichen Erde wenig von denen der Beobachter des 17. Jahrhunderts unterscheiden. Dagegen wird sich die Bedeutung und Relevanz, welche die moderne Physik diesen Eindrücken beimißt, merklich von derjenigen unterscheiden, welche die Gegner der Kopernikanischen Theorie diesen Eindrücken beimaßen. Galilei veränderte die wissenschaftliche Beobachtungsgrundlage in entscheidender Weise, indem er Instrumente wie das Teleskop – ein Aspekt, der weiter unten behandelt werden soll – und das bereits erwähnte kontrollierte Experiment einführte, dessen ganze Tragweite im folgenden Abschnitt beleuchtet werden soll. Diese Neuerungen haben jedoch wenig zu tun mit dem Wandel der natürlichen Interpretationen, die Teil der psychischen Struktur des einzelnen sind. Feyerabend ordnet den der Physik Galileis impliziten Wandel der wissenschaftlichen Beobachtungsgrundlage falsch ein und unterschätzt, wie noch auszuführen ist, sein Ausmaß und seine Bedeutung.

4.3 Objektive Beobachtung als Errungenschaft der Praxis

Die Tatsache, daß die Wahrnehmung subjektive und kulturabhängige Elemente aufweist, ist den Wissenschaftlern nicht entgangen. Gerade aus dieser simplen Erkenntnis heraus erklärt sich die Notwendigkeit, die bloße Beobachtung durch Beobachtung zu ersetzen, die unter standardisierten Bedingungen und mit Routineprozeduren durchgeführt wird. Das heißt bloße Beobachtung wird durch Messungen und kontrollierte Experimente ersetzt. Dadurch lassen sich viele Besonderheiten der menschlichen Wahrnehmung umgehen. Francis Bacon (1990, S. 59) würdigte diesen Aspekt schon im 16. Jahrhundert, als er schrieb:

„Bei jedem neuen und etwas feineren Experiment habe ich, wenn es auch – wie mir schien – sicher und bewiesen war, dennoch das benutzte Verfahren offen dargelegt, damit die Menschen, nachdem ich ihnen eröffnet habe, auf welche Weise ich zu dem Einzelnen gelangt bin, sehen, ob dabei ein Irrtum unterlaufen sein könne und zu sichereren und erwählteren Beweisen angeregt werden, soweit solche möglich sind. Schließlich füge ich überall die Einwände, Bedenken und Einschränkungen hinzu und vertreibe und zähme gleichsam durch Religion und Beschwörungen alle Einbildungen."

Was Bacon hier zum Ausdruck zu bringen scheint, findet meine Zustimmung und kann an folgendem Beispiel veranschaulicht werden: Die sogenannte Mondillusion ist ein Phänomen, das jeder nachvollziehen kann. Der Mond scheint einen wesentlich größeren Durchmesser zu haben, wenn er sich nahe am Horizont befindet, als wenn er hoch am Himmel steht. Zieht man die normale Wahrnehmung als verläßlichen Anhaltspunkt für die Größe des Mondes heran, erweist sie sich als Täuschung. Es ist aber nicht notwendig, sich auf bloße Sinneseindrücke zu verlassen. Man kann zum Beispiel ein mit quer liegenden Drähten ausgerüstetes Fernrohr so installieren, daß seine Ausrichtung auf einer Skala abgelesen werden kann. Der dem Mond zum Zeitpunkt der Messung gegenüberliegende Winkel kann durch Ausrichten der Drähte auf die Seiten des Mondes bestimmt werden, und so kann die Differenz durch Ablesen der entsprechenden Skalenwerte ermittelt werden. Diese Messung läßt sich einmal ausführen, wenn der Mond hoch am Himmel steht, und zum anderen, wenn er sich am Horizont befindet. Das identische Ergebnis in beiden Fällen deutet darauf hin, daß die aus der Messung resultierende Größe des Mondes unverändert bleibt; die normale Wahrnehmung ist in diesem Fall tatsächlich eine Täuschung.

Wer die Theorieabhängigkeit von Beobachtung hervorheben möchte, wird sofort auf die in dieser Methode zur Bestimmung der Größe des Mondes inhärente Theorie hinweisen und dabei richtig feststellen, daß die Bedeutung, die dem Anlegen des Fernrohrs beigemessen wird, die vorformulierte Annahme, „Licht bewegt sich geradlinig", beinhaltet. Die Angemessenheit der durch diese Methode gewonnenen Beobachtung der Größe des Mondes wäre daher abhängig von dieser und anderen zugrunde liegenden Annahmen. Dieses Argument läßt sich untermauern, wenn man bedenkt, daß ein im obigen Sinne beschriebenes Fernrohr, das dazu verwendet würde, die Richtung eines sich nahe an der Sonne befindlichen Sterns zu bestimmen, falsche Daten ermittelte, da das Licht des Sterns unter diesen Umständen vom Gravitationsfeld der Sonne abgelenkt würde.

Die Richtigkeit derartiger Feststellungen ist nicht von der Hand zu weisen. Es ist nicht zu bestreiten, daß die Angemessenheit und Bedeutung von Beobachtungsaussagen von theoretischen Annahmen abhängig und diese daher fehlbar und revidierbar sind. Was ich mittels des genannten Beispiels illustrieren wollte ist, daß das Fehlen einer sicheren Beobachtungsgrundlage nicht primär auf die Unsicherheit der Wahrnehmung zurückzuführen ist, da die Wissenschaft leistungsfähige Techniken entwickelt hat, um diese Probleme zu umgehen. Sofern sich wissenschaftliche Theorien mit Hilfe von standardisierten Prozeduren überprüfen lassen, welche die Beobachtung von Zeigerstellungen, Signalen eines Zählers oder Computerausdrucken beinhalten, kann das Problem des subjektiven Charakters der menschlichen Wahrnehmung auf ein Minimum reduziert werden. Die relevanten Beobachtungen werden objektivierbar. Nachzuweisen, daß die Feststellung, der Zeiger liege zwischen 2 und 3 auf einer Skala, theorieabhängig und fehlbar sei, möchte ich den zuständigen Philosophen überlassen. Die Gründe für die Zurückweisung des Anspruchs, Wissenschaft habe eine sichere Beobachtungsgrundlage, sind an anderer Stelle zu suchen.

Ein Aspekt der Wahrnehmung, der von den Empiristen gewöhnlich übersehen und von Wissenschaftlern genutzt wird, ist das Ausmaß, in dem sie ein aktives Eingreifen in die Welt anstelle einer rein passiven Betrachtung derselben beinhaltet. Sogar bei der alltäglichen Wahrnehmung überprüfen wir die Wirklichkeit eines Objekts, das wir sehen, indem wir es zum Beispiel anfassen oder unseren Kopf bewegen, um festzustellen, ob das Wahrgenommene sich so verhält, wie wir es erwarten. Popper hat auf diesen Aspekt der Wahrnehmung hingewiesen und bemerkt, daß das Unproblematische an irdischen Beobachtungsaussagen nicht darin liege, daß ihre Wahrheit dem unvoreingenommenen Beobachter über die Sinne vermittelt wird, sondern, daß sie einer Reihe von einfachen Überprüfungen standhalten können (Popper, 1994, Kap. 5). Wenn ein Mikroskopist eine rote Blutzelle durch ein Elektronenmikroskop betrachtet, sieht er eine Konfiguration dichter Körper. Es stellt sich die Frage, ob sie der Zellstruktur entspricht oder ob sie ein vom Mikroskop erzeugtes Artefakt ist. Die Zelle wird auf einem Mikroskopengitter, dessen Quadrate gekennzeichnet sind, präpariert. Durch das Elektronenmikroskop lassen sich die dichten Körper erkennen, und ihre Lage auf dem Gitter kann registriert werden. Wenn man nun dieselbe Musterzelle durch ein Neomikroskop, das auf völlig anderen physikalischen Gesetzmäßigkeiten beruht, betrachtet, sieht man dieselbe Anordnung dichter Körper an derselben Stelle. Läßt sich also wirklich bezweifeln, daß die beobachteten Strukturen – um was auch immer es sich dabei handelt – tatsächlich in der Zelle vorhanden sind (Hacking, 1996, Kap. 11)? Die Ergebnisse der in der Praxis vorgenommenen Manipulationen verleihen den Beobachtungsberichten Objektivität und Glaubwürdigkeit.

Eine von Wissenschaftsphilosophen befürwortete Ansicht – die hier abgelehnt wird – beschreibt die objektiven Tatsachen, auf denen Wissenschaft beruht, als diejenigen Beobachtungsaussagen, über die sich die normalen Beobachter, angesichts der Evidenz, die ihre Sinnesorgane bieten, einig sind. Dieser Konsens über Beobachtungsaussagen vernachlässigt die Wichtigkeit, die Fachkenntnissen und Fertigkeiten in der wissenschaftlichen Beobachtung zukommt. Der erfahrene Radiologe kann Zeichen einer Infektion auf dem Röntgenbild erkennen und der erfahrene Mikroskopist ist in der Lage, sich teilende Zellen sehen, wo die Mehrheit der Beobachter ohne die erforderlichen Fertigkeiten nichts dergleichen erkennen kann. Wenn man vorerst akzeptable Beobachtungsaussagen als diejenigen bezeichnet, die strengsten Überprüfungen standgehalten haben, besteht die Überprüfungsmöglichkeit einer Behauptung über das, was auf einem Objektträger eines Mikroskops zu sehen sei, darin, einen erfahrenen Mikroskopisten in das Mikroskop schauen zu lassen, anstatt James Thurber nach seiner Meinung zu fragen. Die Akzeptanz einer Beobachtungsaussage kann aber nicht allein der Tatsache, daß Experten sich einig sind, zugeschrieben werden. Wesentlich ist vielmehr das Ausmaß, in dem die Aussage objektiver Überprüfung standhalten kann. Diagnosen von erfahrenen Radiologen können falsch sein, und sie können auf voneinander unabhängige Arten überprüft werden, zum Beispiel durch die Suche nach zusätzlichen Symptomen für eine vermeintliche Infektion oder durch die direkte Betrachtung des infizierten Bereichs mittels eines chirurgischen Eingriffs.

Unter akzeptablen Beobachtungsaussagen lassen sich Aussagen über beobachtbare Zustände verstehen, die Prüfungen unter strengsten Testbedingungen standhalten, bei denen die Sinne auf fachmännische Art und Weise eingesetzt werden. Zugegebenermaßen werden Urteile über die Bedeutung und Strenge solcher Überprüfungen und die Bandbreite der zur Verfügung stehenden Tests in mancher Weise theorieabhängig sein, wodurch Beobachtungsaussagen in unterschiedlichem Ausmaß fehlbar sein werden. (Man stelle sich Ptolemäus vor, der in die Luft springt, um zu sehen, ob sich die Erde unter ihm weiterbewegt, um auf diese Weise seine Behauptung zu erhärten und einer „strengen" Überprüfung zu unterwerfen, daß die Erde unbeweglich sei.) Es geht hier jedoch nicht um die Unfehlbarkeit von Beobachtung in der Wissenschaft, sondern um ihre Objektivität.

Wenn ich darauf bestehe, daß die Physik objektive Beobachtung in der oben beschriebenen Weise beinhaltet, muß dies folgendermaßen spezifiziert werden: Objektivität ist eine Errungenschaft der Praxis. Selbst wenn man davon ausgeht, daß Objektivität erreicht werden kann und oft erreicht wird, gibt es keine Garantie dafür, daß dies in der Physik immer möglich sein wird. Der französische Physiker Blondlot behauptete, eine neue Art von Strahlen entdeckt zu haben (N-Strahlen), und publizierte eine detaillierte Anweisung über ihre Erzeugung und Beobachtung. Er und seine Kollegen behaupteten, Helligkeitsunterschiede auf einem Bildschirm feststellen zu können, die als Beweis für die Existenz der N-Strahlen galten. Außenstehende Forscher konnten jedoch das, was Blondlot sehen zu können vorgab, nicht sehen, woraufhin Blondlot einwandte, daß seine Kritiker nicht über die erforderlichen Fertigkeiten verfügten. Später konnten Blondlots Behauptungen jedoch unabhängigen Prüfungen nicht standhalten, denn als der amerikanische Physiker R. B. Wood zum Beispiel das Prisma, das angeblich an der Produktion der N-Strahlen beteiligt sein sollte, ohne Blondlots Wissen entfernte, behauptete dieser, noch immer Zeichen von N-Strahlen auf dem Bildschirm sehen zu können. Mary Tiles (1984, S. 60) stellt die Problematik überzeugend dar:

> „Darauf zu bestehen, daß experimentelle Beobachtung besondere Beobachtungsfertigkeiten erfordert, die nicht jeder erlangen kann, ist an sich korrekt. Probleme tauchen nur dann auf, wenn (wie in Blondlots Fall) Versuche einer indirekten, instrumentellen Bestätigung scheitern, so daß die alleinige Evidenz aus Wahrnehmung besteht und somit stark von der Sensibilität des einzelnen Beobachters abhängig ist. Unter solchen Umständen bleibt das Phänomen hoffnungslos subjektiv."

Objektivität ist eine Errungenschaft der Praxis, die in der Physik, wenn auch nicht ohne Schwierigkeiten, so doch relativ häufig, erreicht wird. In welchem Ausmaß diese Auffassung von Objektivität auch auf andere Disziplinen übertragbar ist, soll dahingestellt bleiben. Denn die Frage, ob und inwiefern Objektivität zum Beispiel von westlichen Anthropologen bei der Erforschung eines unbekannten Stammes erreicht werden kann, läßt sich ohne die notwendige fachliche Kompetenz, die ich nicht für mich in Anspruch nehmen möchte, nicht beurteilen.

Im restlichen Teil des Kapitels möchte ich meine Auffassung über die Rolle der Beobachtung in der Wissenschaft erläutern. Dabei soll vor allem auf den Einsatz des Teleskops durch Galilei eingegangen werden.

4.4 Bedeutsamkeit und Problematik von Galileis teleskopischen Beobachtungen

Die Geschichte der Einführung teleskopischer Daten in die Astronomie durch Galilei ist meines Erachtens die Geschichte von Galileis erfolgreichen Bemühungen, solche Daten zu objektivieren und zu rechtfertigen. Dabei scheint es mir aufschlußreich, meine Auffassung derjenigen von Feyerabend gegenüberzustellen, die er zur Stützung seines anarchistischen Wissenschaftsverständnisses vorbringt. Nach Feyerabend wurde die Verläßlichkeit der teleskopischen Beobachtungen von Galilei und die von diesen gestützte Kopernikanische Theorie durch die Erfahrung widerlegt. Galilei habe die Übereinstimmung zwischen Theorie und Beobachtung genützt, um sie jeweils wechselseitig zu belegen. So brachte er „durch *Ad-hoc*-Hypothesen und schlaue Überredungsmethoden" (Feyerabend, 1983, S. 187) die kopernikanische Sache voran. Derartige Ausschweifungen in der Argumentation, wie sie Feyerabend vorbringt, können und sollten vermieden werden. Es soll vielmehr gezeigt werden, daß Galileis Schritt die Veränderung der

Beobachtungsgrundlage der Astronomie und einen Wandel der Maßstäbe dessen beinhaltete, was als geeignetes Beweismaterial in der Wissenschaft gelten soll.

Drei Monate lang, von Dezember 1609 bis Februar 1610, beobachtete Galilei mit dem von ihm konstruierten Teleskop den Himmel. Seine Beobachtungen hatten dramatische Auswirkungen auf die Astronomie, insbesondere für die Verteidigung der Kopernikanischen Theorie. Gleich darauf veröffentlichte er seine ersten Entdeckungen in der „Sternenbotschaft" (Galilei, 1987, S. 95ff.) und erlangte so internationalen Ruhm.

Oberflächlich betrachtet, unterstützen diese ersten Entdeckungen mit Hilfe des Teleskops den Kopernikanischen Standpunkt, jedoch nicht immer in dem von Galilei behaupteten Ausmaß. Die erdhafte Erscheinungsform der Berge und Krater des Mondes stellte die Aristotelische Unterscheidung in einen unzerstörbaren, unvergänglichen, Himmel (bestehend aus Äther, der sogenannten „quinta essentia"), der auch den Mond einschloß, und die veränderliche, vergängliche Erde ernsthaft in Frage. Die Jupitermonde dienten dazu, den Aristotelischen Einwand gegen die Theorie von Kopernikus zu widerlegen. Diesem Einwand zufolge konnte Kopernikus die Tatsache, daß der Mond bei der Erde bleibt, obwohl sich diese nach seiner Auffassung um die Sonne dreht, nicht erklären. Da die Bewegung des Jupiters jedoch selbst von den Anhängern Aristoteles anerkannt wurde, stellten die Jupitermonde für sie ein ähnliches Problem dar. In den darauffolgenden Jahren machte Galilei weitere bedeutende Beobachtungen. Er fand heraus, daß sich die durch das Teleskop betrachtete scheinbare Größe von Mars und Venus im Einklang mit den Vorhersagen der Kopernikanischen Theorie veränderte. Das stand im Gegensatz zu den mit bloßem Auge gemachten Beobachtungen, bei denen sich nur eine geringe Veränderung der scheinbaren Größe feststellen ließ. Diese Beobachtungen bildeten den Kernpunkt von Feyerabends Behauptung, daß Galileis teleskopische Daten ad hoc verteidigt wurden. Galileis Teleskop enthüllte Venusphasen und zeigte, daß sie in der von Kopernikus vorhergesagten Weise ab- und zunahmen.

Der Einsatz von teleskopischen Daten zur Stützung der Theorie von Kopernikus wirft die Frage auf, warum diese den mit dem bloßen Auge gewonnenen Daten vorgezogen werden sollten. Feyerabend betont zu Recht die fundamentale Bedeutung dieser Frage. Warum sollten die Entdeckungen, die mit Hilfe des von Galilei mit einer konvexen und einer konkaven Linse ausgerüsteten Rohrs gemacht wurden, dem direkt mit dem Auge gewonnenen Beweismaterial vorgezogen werden?

Zunächst läßt sich mit Feyerabend feststellen, daß Galilei über keine Theorie des Teleskops verfügte und sich seine Versuche, eine solche vorzulegen, schlichtweg als unzureichend erwiesen (Galilei, 1987, S. 101ff.). Man sollte jedoch nicht meinen, daß dies ein allzu großes Problem für Galilei darstellte. Die Tatsache, daß Linsen Licht brechen und daß einzelne Linsen vergrößern können, war wohlbekannt und wurde schon seit dem 13. Jahrhundert für die Herstellung von Brillengläsern genutzt. Es gehörte nicht mehr allzuviel dazu anzunehmen, daß man mit der Kombination von zwei Linsen mehr erreichen könne. Auch könne die

Notwendigkeit, Beobachtungen durch einen expliziten Rückgriff auf eine Theorie zu stützen, in Frage gestellt werden. Es ließe sich anführen, daß das Vertrauen in die mit dem bloßen Auge gewonnenen Daten ja auch nicht auf einer Theorie zur Funktion des Auges beruht. Aus diesem Grund sollen nunmehr mögliche Rechtfertigungen erörtert werden, die sich auf die Praxis berufen.

Die Richtigkeit der teleskopischen Beobachtung von irdischen Objekten kann auf annähernd direkte Art demonstriert werden, denn die teleskopischen Daten lassen sich durch Beobachtung des Objekts aus der Nähe ohne Verwendung von Hilfsmitteln kontrollieren. Des weiteren ermöglicht uns die Vertrautheit mit irdischen Szenarien beim Anblick eines bestimmten Sachverhaltes bewußt oder unbewußt, eine Reihe von visuellen Anhaltspunkten heranzuziehen. Überlappung etwa gibt einen Anhaltspunkt für die relative Entfernung, und die Größe kann durch Vergleich mit Objekten bekannter Größe geschätzt werden. Wenn man berücksichtigt, daß Galileis Teleskope durch Versuch und Irrtum konstruierte Prototypen mit handgeschliffenen Linsen waren, ist es verständlich, daß sie Aberrationen erzeugen mußten. Wenn es sich bei den gesichteten Objekten um vertraute Objekte handelt, lassen sie sich vom Beobachter leicht von den verschwommenen, vom Teleskop erzeugten Begleiterscheinungen unterscheiden, und er wird die Krümmung sowie die Rot- und Blaufärbung vom Bild eines entfernten Schiffsmastes ignorieren.

Wenn das Teleskop jedoch auf den relativ unerforschten Teil des Himmels gerichtet wurde, konnte man selten auf solche vertrauten Hilfsmittel zurückgreifen. Galileis eigene Aufzeichnungen belegen diese Schwierigkeit. Der größte Krater, den Galilei in seiner Zeichnung des Mondes darstellte, ist weder mit einem modernen Teleskop noch durch direkte Untersuchung der Mondoberfläche zu entdecken. Es ist möglich, wie Feyerabend nahelegt, daß Galileis Teleskop für diesen Krater verantwortlich war. Galilei gestand ein, daß sein Teleskop die Sterne weit weniger vergrößerte als die Planeten. Er konnte dafür jedoch keine Erklärung finden. Galilei stand also vor ernsthaften Problemen hinsichtlich der Richtigkeit seiner teleskopischen Daten.

Ein weiteres Hindernis für die Akzeptanz von teleskopischen Daten war die philosophische Betrachtungsweise der Sinneswahrnehmung, die noch aus Aristoteles Zeiten stammte und von vielen Gegnern Galileis anerkannt wurde. Aus dieser Sicht lieferten die Sinne verläßliche Informationen über die Welt, solange sie unter normalen Bedingungen eingesetzt wurden. Galileis Biograph Ludovico Geymonat (1965, S. 45) bezieht sich auf den Glauben, „der von den meisten Gelehrten jener Zeit geteilt wurde, daß die aktuelle Realität nur durch das direkte Sehvermögen erfaßt werden konnte", und Scipio Chiaramonti, einer von Galileis Gegnern, verwies auf die Ansicht, daß „von allen Philosophenschulen anerkannten Kriterien zufolge ... die Sinne und die Erfahrung unsere Leiter beim Erforschen der Wahrheit" sind (Galilei, 1982, S 262). Maurice Clavelin (1974, S. 384) stellt im Zusammenhang eines Vergleichs der Galileischen mit der Aristotelischen Physik fest, daß „die oberste Maxime der Peripatetischen Physik darin bestand, niemals die Evidenz der Sinne anzuzweifeln". Stephen Gaukroger (1978, S. 92) berichtet in einem ähnlichen Zusammenhang von einem „grundlegenden und ausschließlichen Sichverlassen auf die Sinneswahrnehmung im Werke Aristoteles".

Die teleologische Verteidigung der Verläßlichkeit der Sinne war damals durchaus üblich. Die Funktion der Sinne wurde darin gesehen, uns Informationen über die Welt zu liefern. Aus diesem Grund erscheint es wenig einleuchtend anzunehmen, daß sie uns bei der Erfüllung ihrer Aufgabe systematisch täuschen, auch wenn sie uns unter außergewöhnlichen Umständen wie Zum Beispiel im Nebel oder wenn der Beobachter betrunken oder krank ist, durchaus täuschen können. Irving Block (1961, S. 9) beschreibt in einem aufschlußreichen Artikel über die Aristotelische Theorie der Sinneswahrnehmung dessen Auffassung wie folgt:

> „Die Natur hat alles zu einem bestimmten Zweck gemacht, und der Zweck des Menschen ist es, die Natur durch Wissenschaft zu verstehen. Daher wäre es ein Widerspruch der Natur, wenn sie den Menschen und seine Organe so geschaffen hätte, daß alles Wissen und Wissenschaft von Anbeginn falsch sein muß."

Die Sichtweise von Aristoteles wurde viele Jahrhunderte später von Thomas von Aquin wieder aufgenommen (zit. n. Block, 1961, S. 7):

> „Sinneswahrnehmung ist immer wahrheitsgetreu in bezug auf die ihr eigenen Objekte ... denn natürliche Fähigkeiten scheitern in der Regel nicht bei den ihr eigenen Aktivitäten. Sollten sie dennoch einmal scheitern, ist dies auf eine Verwirrung oder etwas ähnliches zurückzuführen. Daher beurteilen die Sinne die ihnen zugänglichen Objekte nur in wenigen Fällen ungenau und dann nur wegen eines organischen Defekts, zum Beispiel wenn jemand, der Fieber hat etwas Süßes als bitter schmeckt, weil seine Zunge in ihrer Funktion gestört ist."

Die Einführung des Teleskops in die Wissenschaft lief dem Vertrauen auf die Sinneswahrnehmung ohne Hilfsmittel und ihrem teleologischen Unterbau zuwider. Galileis Zeitgenossen hätten ihr durchaus die von Kuhn (1981, S. 229) vorgeschlagene Bemerkung, „daß Gott den Menschen mit Teleskopaugen ausgestattet hätte, hätte er gewollt, daß der Mensch das Teleskop zur Bereicherung seines Wissens verwende", entgegenhalten können. Um Akzeptanz für seine teleskopischen Daten zu erreichen, mußte Galilei das „Kriterium der Wissenschaft selbst" verletzen und ändern. Im nächsten Kapitel soll dargestellt werden, wie er dies erreichte.

4.5 Galileis Beobachtungen der Jupitermonde

Im Abschnitt 4.3 wurde festgestellt, daß die typisch wissenschaftliche Antwort auf die Wechselfälle der Wahrnehmung der Versuch ist, die bloße Beobachtung durch Messungen, welche Routineprozeduren unter standardisierten Bedingungen beinhalten, zu ersetzen. Galileis Beobachtung der Jupitermonde liefert ein ausgezeichnetes Beispiel dafür.

Galilei wurde bald klar, daß das Teleskop auf einen festen Fuß installiert werden mußte. Ebenso fand er heraus, daß die Bilder klarer waren, wenn der Lichteinfall in das Teleskop durch die konvexe Linse mittels einer Abdeckung nur auf den zentralen Teil der Linse beschränkt wurde (Drake, 1978, S. 147). Als Galilei im Januar 1610 erstmalig die „Sternchen" entdeckte, die Jupiter auf seiner Bahn begleiteten, verleiteten ihn die qualitativen Merkmale ihrer Positionen an den darauffolgenden Nächten zu der Annahme, daß sie Satelliten des Jupiter seien. Innerhalb von zwei Jahren hatte Galilei ein objektives Verfahren zur Messung der Entfernung zwischen den Satelliten und Jupiter entwickelt. Dies verschaffte ihm ein ausgezeichnetes Argument, für die Richtigkeit der mit dem Teleskop gemachten Entdeckung von Satelliten und der ihnen zugeschriebenen Bahnen einzutreten. Galileis Verfahren ist eine genauere Betrachtung wert (Drake, 1983, S. 128ff.).

Am Teleskop wurde eine Skala, deren Fläche sich senkrecht zur Teleskopachse befand, so angebracht, daß sie am Teleskop entlang auf- und abgeschoben werden konnte. Wenn man mit einem Auge durch das Teleskop sah, konnte man mit dem anderen Auge die Skala sehen, was durch eine kleine Lampe, die sie erhellte, erleichtert wurde. Wenn nun das Teleskop auf den Jupiter gerichtet war, wurde die Skala so lange am Teleskop entlang geschoben, bis das durch das Teleskop mit einem Auge betrachtete Bild von Jupiter zwischen den zentralen Markierungen der Skala lag, die mit dem anderen Auge betrachtet wurde. Hatte man dies erreicht, konnte man die Positionen der durch das Teleskop betrachteten Satelliten auf der Skala ablesen. Der abgelesene Abstand der Satelliten von Jupiter war ein Vielfaches seines Durchmessers. Der Durchmesser des Jupiters war eine zweckmäßige Einheit, denn sein Einsatz als Maßstab berücksichtigte automatisch die Tatsache, daß sein augenscheinlicher Durchmesser, wie man ihn von der Erde aus sah, sich in dem Maße änderte, wie der Planet sich der Erde näherte und von ihr entfernte. Galilei konnte diese relative Messung in eine absolute Messung des im Auge gebildeten Winkels umwandeln, indem er die den Bildern des Gegenstandes auf der Skala gegenüberliegenden Winkel im Auge durch die Vergrößerungszahl des Teleskops teilte. Galilei hatte, kurz nachdem er das Teleskop zum ersten Mal einsetzte, eine Methode entwickelt, mit der er die Vergrößerung des Teleskops messen konnte und die er in der „Sternenbotschaft" beschrieb.

Mit dem oben beschriebenen Verfahren war Galilei in der Lage, täglich Protokoll über die vier „Sternchen", die den Jupiter begleiteten, zu führen. Er konnte nachweisen, daß die Daten im Einklang mit der Annahme standen, daß es sich bei den „Sternchen" tatsächlich um Satelliten handelt, die in konstanten Zeiträumen den Jupiter umkreisen. Die Annahme wurde nicht nur durch quantitative Messungen bestätigt, sondern auch durch qualitativ verbesserte Beobachtungen, die zeigten, daß die Satelliten von Zeit zu Zeit aus dem Blickfeld verschwanden, wenn sie sich gerade vor oder hinter dem Mutterplaneten befanden oder sich in seinen Schatten hinein bewegten.

Galilei hatte gute Argumente für die Richtigkeit seiner Beobachtungen der Jupitermonde, obwohl sie dem bloßen Auge nicht zugänglich waren. Er entkräftete die Unterstellung, daß sie lediglich eine vom Teleskop produzierte Täuschung seien, indem er darauf hinwies, daß auf der Grundlage dieser Annahme nicht erklärt werden kann, warum die Satelliten immer nur in der Nähe des Jupiters zu sehen seien. Galilei konnte ebenfalls auf die Beständigkeit und Wiederholbarkeit seiner Messungen sowie ihre Kompatibilität mit der Annahme, daß die Satelliten Jupiter in einem konstanten Zeitraum umkreisen, verweisen. Galileis quantitative Daten wurden von unabhängigen Beobachtern des Collegio Romano und des Päpstlichen Gerichtshofes in Rom verifiziert. Darüber hinaus war es Galilei möglich, weitere Positionen der Satelliten und das Auftreten von Wandlungen und Eklipsen vorherzusagen, die von ihm selbst und auch von unabhängigen Beobachtern bestätigt wurden (Drake, 1978, S. 175f., 236f.).

Die Richtigkeit der teleskopischen Entdeckungen wurde bald von kompetenten Beobachtern unter Galileis Zeitgenossen, sogar von seinen ursprünglichen Gegnern, akzeptiert. Zwar gelang es nicht allen Beobachtern, die Satelliten zu erkennen, doch dieser Tatsache kommt meines Erachtens ebensowenig Bedeutung zu wie dem sicherlich nicht ungewöhnlichen Unvermögen James Thurbers, die Strukturen einer Pflanzenzelle durch ein Mikroskop zu erkennen. Die Überzeugungskraft von Galileis Argumenten für die Richtigkeit seiner teleskopischen Beobachtungen der Jupitermonde liegt in einer Reihe praktischer, objektiver Überprüfungen, denen seine Behauptungen standhalten konnten. Auch wenn seine Argumente nicht völlig stimmig waren, so waren sie unvergleichlich überzeugender als das Gegenargument, seine Entdeckungen seien durch das Teleskop hervorgerufene Täuschungen oder Artefakte.

4.6 Planetengröße in der teleskopischen Beobachtung

Nach der Kopernikanischen Theorie sollte die Entfernung eines Planeten zur Erde während ihrer Umkreisungen der Sonne beträchtlichen Schwankungen unterliegen. Ist ein Planet auf derselben Seite der Sonne wie die Erde, wird er relativ nahe sein, während er relativ weit entfernt sein wird, wenn er sich auf der entgegengesetzten Seite der Sonne befindet. Beim Planeten Mars ändert sich die Entfernung zur Erde um den Faktor acht, bei der Venus handelt es sich um den Faktor sechs. Daher sollten sich auch die von der Erde aus gesehenen Durchmesser der Planeten um etwa denselben Faktor verändern. Mit dem bloßen Auge betrachtet, scheint sich die Größe des Mars lediglich um einen Faktor kaum größer als zwei zu verändern, und die wahrnehmbare Veränderung der Venus ist unerheblich. Aus eben diesem Grund sagt Galilei, daß der Mars den „heftigsten Angriff" auf die Kopernikanische Theorie darstelle und die Venus eine „weitere und größere Schwierigkeit" bereite (Galilei, 1982, S. 348f.). Wenn die beiden Planeten durch ein Teleskop beobachtet werden, ist das Problem gelöst: Die Veränderungen ihrer Größe stehen im Einklang mit den Vorhersagen der Kopernikanischen Theorie.

Mit dem bloßen Auge wahrgenommene Planetengrößen stehen also im Widerspruch zur Kopernikanischen Theorie, während teleskopische Daten mit ihr übereinstimmen. Es stellt sich die Frage, welche der Daten man nun aber akzeptieren soll. Entgegen Feyerabends Sichtweise soll hier die Ansicht vertreten werden, daß Galilei, unabhängig von der Kompatibilität der teleskopischen Daten mit der Kopernikanischen Theorie, überzeugende Argumente für teleskopische Daten vorbringen konnte.

Galilei griff auf das Phänomen der Irradiation zurück, um die Beobachtung von Planeten mit dem bloßen Auge zu relativieren, und argumentierte für einen Vorzug der teleskopischen Beobachtung. Galileis Hypothese besagte, daß beim Anblick von kleinen, hellen, entfernten Lichtquellen „ein vom Auge selbst ausgehendes Hindernis" (Galilei, 1982, S. 350) eine wichtige Rolle spiele. Solche Objekte erschienen dann „mit einem Kranz von Strahlen umrahmt" (Galilei 1982, S. 350). „Der Grund dafür ist, daß sich uns Sterne, wenn wir sie mit bloßem Auge betrachten, nicht in ihrer einfachen, sozusagen nackten Größe darbieten, sondern von einem gewissen Glanz erleuchtet und mit funkelnden Strahlen, gleich Haaren, umgeben sind" (Galilei, 1987, S. 119). Die Irradiation der Planeten werde durch das Teleskop beseitigt.

Da Galileis Hypothese die Behauptung beinhaltet, daß Irradiation die Folge von Helligkeit, geringer Größe und Entfernung der betrachteten Lichtquelle sei, kann sie durch die Veränderung dieser drei Faktoren auf unterschiedliche Weise, zum Teil ohne Verwendung des Teleskops, überprüft werden. Viele dieser Überprüfungen werden von Galilei ausdrücklich genannt. Die Helligkeit der Sterne und Planeten könne verringert werden, wenn man sie durch ein „dünnes Wölkchen", „schwarze Schleier", „farbige Gläser" (Galilei, 1987, S. 119), „ein Rohr oder auch durch eine Öffnung" betrachte, „welche wir an der geballten und dem Auge genäherten Faust zwischen der Handfläche und den Fingern lassen wollen, oder endlich auch durch ein Loch, das wir mit einer feinen Nadel in ein Blatt Papier stechen" (Galilei, 1982, S. 353). Bei Planeten werde die Irradiation durch solche Verfahrensweisen beseitigt, und sie „bieten ihre kleinen Kugeln vollkommen rund und wie mit dem Zirkel gezogen dar" (Galilei, 1987, S. 120). Bei Sternen hingegen könne die Irradiation nie vollständig beseitigt werden, sie sehe man „keineswegs von einem kreisförmigen Umriß begrenzt, sondern wie etwas Glänzendes, das ringsum Strahlen aussendet und stark funkelt" (Galilei, 1987, S. 120). Was die Abhängigkeit der Irradiation von der augenscheinlichen Größe der beobachteten Lichtquellen betrifft, wird Galileis Hypothese durch die Tatsache bestätigt, daß der Mond und die Sonne nicht von ihr betroffen sind (Galilei, 1982, S. 353). Dieser Aspekt von Galileis Hypothese, ebenso wie die damit verbundene Abhängigkeit der Irradiation von der Entfernung zur Lichtquelle, läßt sich direkt und mit einem auf der Erde durchführbaren Experiment überprüfen. Man kann das Licht einer Flamme aus der Nähe und aus der Ferne betrachten. Bei Nacht, aus der Ferne betrachtet, wenn sie also heller ist als ihre Umgebung, wirkt sie größer als sie in Wirklichkeit ist. Betrachtet man sie bei Tag oder aus der Nähe, steht die Größeneinschätzung im Einklang mit ihrer wirklichen Größe. Galilei benutzt diese Überlegung und erklärt, seine Vorgänger, einschließlich Tycho Brahé und Clavius, hätten bei der Schätzung der Größe von Sternen mit größerer Sorgsamkeit vorgehen sollen:

> „Ich glaube jedenfalls, daß sie nicht die Größe der in tiefer Finsternis sichtbaren Scheibe für die wahre hielten, sondern die, welche sich bei heller Umgebung beobachten läßt. Denn unsere irdischen Lichter, welche, von weitem gesehen, nachts groß erscheinen, deren wirkliche Flämmchen aber aus der Nähe scharf begrenzt und klein erscheinen, hätten sie hinreichend vorsichtig machen sollen" (Galilei, 1982, S. 377).

Die Abhängigkeit der Irradiation von der Helligkeit einer Lichtquelle im Verhältnis zu ihrer Umgebung werde auch durch das Aussehen der Sterne in der Dämmerung belegt, die dann viel kleiner als in der Nacht erscheinen. Auch die Venus erscheine, bei Tageslicht betrachtet, „in solcher Kleinheit, daß man allerdings scharf hinsehen muß, während sie in der folgenden Nacht wie eine große Lichtflamme aussieht" (Galilei, 1982, S. 377).

Dieser zweite Effekt liefert eine Möglichkeit, die Kopernikanische – und andere – Theorien im Hinblick auf ihre Kompatibilität mit der beobachteten Größe der Venus auch ohne Rückgriff auf teleskopische Beweise zu überprüfen. Die Überprüfung kann mit bloßem Auge, allerdings nur in der Dämmerung, durchgeführt werden. Es gibt jedoch zwei Gründe, warum diese Überprüfung schwierig und nicht hundertprozentig zufriedenstellend sein wird. Zum einen erscheint die Venus unter diesen Bedingungen so klein, daß sich eine genaue Bestimmung ihrer augenscheinlichen Größe als schwierig erweist. Zum anderen kann man die Überprüfung nicht durchführen, wenn sich die Venus ihrer Minimal- beziehungsweise Maximalgröße annähert, weil sie dann in Sonnennähe erscheint. Man kann sie daher nicht bei Tage, im grellen Sonnenlicht, beobachten, sondern nur nach Sonnenuntergang, wenn sie sich sehr nahe an der Erde befindet und am größten erscheint, oder bei Sonnenaufgang, wenn sie sich weit von der Erde entfernt befindet und am kleinsten erscheint. Obwohl eine präzise Beobachtung der Veränderungen der Venusgröße nur mit dem Teleskop möglich ist, sind sie, Galilei zufolge, dennoch mit bloßem Auge wahrnehmbar (Drake, 1957, S. 131).

Auf recht einfache Weise konnte Galilei praktisch demonstrieren, daß das bloße Auge widersprüchliche Informationen liefert, wenn man kleine Lichtquellen, die im Vergleich zu ihrer Umgebung hell leuchten, auf der Erde oder am Himmel beobachtet. Das Phänomen der Irradiation, für das Galilei eine Reihe von Beweisen lieferte, sowie die direktere Demonstration mit der Lichtflamme deuteten darauf hin, daß die Beobachtung von kleinen, hellen Lichtquellen mit dem bloßen Auge nicht verläßlich ist. Dies bedeutet unter anderem, daß bei Tageslicht mit dem bloßen Auge durchgeführte Beobachtungen der Venus denen der Nacht, wenn die Venus im Vergleich zu ihrer Umgebung hell erscheint, vorzuziehen sind. Während die Beobachtungen am Tag zeigen, daß die augenscheinliche Größe der Venus im Laufe des Jahres schwankt, ist dies bei Nachtbeobachtung nicht der Fall. Dies alles kann ohne Hilfe des Teleskops festgestellt werden. Wenn man aber berücksichtigt, daß das Teleskop bei der Beobachtung von Planeten die Irradiation beseitigt und daß die Änderungen der auf diese Weise enthüllten augenscheinlichen Größe sogar kompatibel mit den durch das bloße Auge gemachten Beobachtungen sind, gewinnen die teleskopischen Daten viel an Überzeugungskraft.

Die Ausführungen in Abschnitt 4.5 zu Galileis Methode, die Bewegung der Jupitermonde zu messen, haben gezeigt, wie Galilei seine teleskopischen Messungen des augenscheinlichen Durchmessers des Planeten während eines Jahres objektivieren und quantifizieren konnte. Die beobachteten Veränderungen standen völlig im Einklang mit der Kopernikanischen Theorie. Galilei präsentierte seine teleskopischen Beobachtungen der augenscheinlichen Größe von Mars und Venus, als seien sie eine überzeugende Stützung der Kopernikanischen Theorie. Das war allerdings nicht berechtigt, denn auch die rivalisierenden Theorien von Ptolemäius und Tycho Brahé sagen diese Veränderungen voraus. Unterschiede in der Entfernung von der Erde, die zu den vorhergesagten Veränderungen in der augenscheinlichen Größe der Planeten führen, kommen im Ptolemäischen System vor, da sich die Planeten in Epizyklen näher oder weiter von der Erde entfernt befinden, während sich die Deferenten, deren Bewegung die Planetenbewegung überlagern, immer im selben Erdabstand bewegen. Im System Tycho Brahés kommen sie aus den gleichen Gründen wie im Kopernikanischen System vor, da beide Systeme geometrisch äquivalent sind. Derek J. de S. Price (1969) wies ganz allgemein nach, daß dies immer dann so sein müsse, wenn die Epizyklen der Systeme so abgestimmt sind, daß sie mit den beobachteten Winkelpositionen der Planeten und der Sonne übereinstimmen. Die Tatsache, daß die augenscheinliche Größe der Planeten schon seit der Antike die bedeutenden astronomischen Theorien vor Probleme gestellt hat, räumte Osiander in seiner Einführung zu Kopernikus' „Revolution der Himmlischen Sphären" ein.

Es ist daher nicht gerechtfertigt, die teleskopischen Beobachtungen von Veränderungen der augenscheinlichen Größe der Planeten als Beweis für die Gültigkeit der Kopernikanischen Theorie im Gegensatz zu den anderen Theorien anzuführen. Zusätzlich zu denjenigen, die im Zusammenhang mit dem Irradiationsphänomen gewonnen wurden, haben diese Beobachtungen jedoch einen Grund dafür geliefert, teleskopische Daten auf astronomischem Gebiet zu akzeptieren. Im Gegensatz zu vielen, mit bloßem Auge durchgeführten Beobachtungen standen die teleskopischen Schätzungen der Größe der Planeten im Einklang mit allen astronomischen Theorien zu Galileis Zeit, und die Anerkennung der teleskopischen Daten löste ein seit der Antike bestehendes Problem der Astronomie.

Die vorangegangenen Ausführungen zu Galileis Einführung des Teleskops in die Astronomie ermöglicht es, die sogenannte „Theorieabhängigkeit von Beobachtung" richtig einzuordnen. Sie zeigen, warum eine subjektivistische Interpretation dieser These verworfen werden sollte, denn wenn man „objektiv" als „durch Routineprozeduren überprüfbar" begreift und dabei berücksichtigt, daß geeignete Verfahren oft Fertigkeiten verlangen, über die nur wenige verfügen, dann war Galilei in der Lage, seine teleskopischen Beobachtungen zu objektivieren; sie hielten darüber hinaus, wie aus obigen Ausführungen hervorgeht, einer Reihe von Überprüfungen stand. Richtig an der These über „die Theorieabhängigkeit von Beobachtung" ist nicht, daß es der Beobachtung in der Wissenschaft an Objektivität fehlt, sondern daß die Adäquatheit und Relevanz der Beobachtungsberichte innerhalb der Wissenschaft revidiert werden können. Beobachtungen in der Wissenschaft können objektiviert werden, aber dadurch erhält man noch lange keinen Zugang zu sicheren Grundlagen für die Wissenschaft. Als man Galileis neuartige teleskopische Beobachtungen akzeptierte, da sie objektiven Überprüfungen standhielten, wurden viele zuvor akzeptierte Beobachtungsberichte, die auf mit dem bloßen Auge gewonnenen Beobachtungsdaten beruhten, verworfen, da sie den durch Galileis Neuerungen möglich gemachten Überprüfungen nicht standhalten konnten.

Ein weiteres Beispiel aus Galileis Physik verdeutlicht meine Unterscheidung zwischen objektiver Beobachtung, die sich meines Erachtens erreichen läßt, und dem Vorhandensein von sicheren, unangreifbaren, empirischen Wissenschaftsgrundlagen, von denen ich glaube, daß es sich um einen empiristischen Mythos handelt. In seinem *„Dialog über die beiden hauptsächlichsten Weltsysteme"* beschreibt Galilei (Galilei, 1982, S. 378) eine objektive Methode, den Durchmesser der Sterne zu messen:

„Ich ließ vor irgend einem Stern eine Schnur herabhängen; ich benutzte zu diesem Zweck die Wega in der Leier, welche zwischen Nord und Nordost aufgeht. Indem ich mich nun der zwischen mir und dem Stern befindlichen Schnur bald näherte, bald mich von ihr entfernte, fand ich die Stelle, von der aus die Breite der Schnur mir gerade den Stern verdeckt. Darnach maß ich die Entfernung des Auges von der Schnur, welche gleich einer der beiden den Sehwinkel einschließenden Seiten ist, während die Breite der Schnur die ihm gegenüberliegende Seite bildet; dieser Sehwinkel ist dann ähnlich oder vielmehr gleich dem Winkel, der auf dem Durchmesser des Sterns in der Fixstersphäre steht. Aus dem Verhältnis der Breite der Schnur zu der Erntfernung zwischen Schnur und Auge fand ich ... unmittelbar die Größe des Winkels ..."

Heute weiß man, daß Galileis Ergebnisse falsch waren. Die augenscheinliche Größe eines Sterns ist abhängig von Effekten der Atmosphäre und anderen atmosphärischen Interferenzen und hat keinerlei Beziehung zu der physikalischen Größe des Sterns. Galileis Messungen der Sternengröße waren theorieabhängig und fehlbar und werden heute zurückgewiesen. Aber diese Zurückweisung hat nichts mit den subjektiven Aspekten der Wahrnehmung zu tun. Galileis Beobachtungen waren in dem Sinne objektiv, als sie Routineprozeduren beinhalteten, die, wenn man sie heutzutage wiederholte, zu denselben Ergebnissen führten, die Galilei erhielt. Im nächsten Kapitel soll durch die Betrachtung einiger Eigenheiten des Experiments in der Wissenschaft das Argument gestützt werden, daß das Fehlen einer sicheren Grundlage für die Wissenschaft nicht auf die problematischen, subjektiven Aspekte der menschlichen Wahrnehmung zurückzuführen ist.

5

Das Experiment

5.1 Über das Zustandekommen und die Zurückweisung von Versuchsergebnissen

Wenn es verläßliche Grundlagen für die moderne wissenschaftliche Erkenntnis gibt, was viele orthodoxe Wissenschaftstheoretiker annehmen, so sollen diese vermutlich durch Experimente geliefert werden und nicht auf bloßer Beobachtung beruhen. Aufgrund allgemeiner Eigenschaften der experimentellen Methode sind Versuchsergebnisse jedoch für die Bildung einer sicheren Beobachtungsgrundlage, die „Fundamentalisten" anstreben, völlig ungeeignet. Versuchsergebnisse werden ständig zurückgewiesen, revidiert, durch neue ersetzt oder für irrelevant erklärt, und zwar aus Gründen, die vom Standpunkt der wissenschaftlichen Praxis aus recht einleuchtend sind. Überdies hat das Ausmaß, in dem die experimentellen Grundlagen für die Wissenschaft fortwährend verändert und auf den neuesten Stand gebracht werden, nichts mit Problemen der menschlichen Beobachtung oder Wahrnehmung zu tun. Selbst wenn uns unsere Sinne sichere Tatsachen über die beobachtbare Welt lieferten, so fehlten uns dennoch sichere Grundlagen für die Wissenschaft. Wie die folgenden Beispiele zeigen, erweisen sich diese Argumente als offensichtlich und unproblematisch, sobald sie vom Standpunkt der alltäglichen Praxis der Wissenschaft betrachtet werden und nicht vom Standpunkt der empiristischen Wissenschaftstheorie aus.

Das erste Beispiel betrifft die Versuchsreihe, die Heinrich Hertz im Laufe der Jahre 1886 bis 1888 ausführte und die zur ersten kontrollierten Erzeugung von Radiowellen führte (Hertz, 1894). Hertz' Ergebnisse führten nicht nur zur Entdeckung eines neuen Phänomens, das experimentell erforscht und weiterentwickelt werden sollte, sie waren auch von großer theoretischer Bedeutung. Sie stützten grundlegende Aspekte von Maxwells elektromagnetischer Feldtheorie, die im Gegensatz zu den damals auf dem europäischen Festland weithin vertretenen Fernwirkungstheorien stand. Obgleich sich Maxwell dessen nicht bewußt war, folgte aus seiner Theorie, daß oszillierende Ströme strahlen (Chalmers, 1973). Im großen und ganzen sind Hertz' Ergebnisse und die Bedeutung, die er ihnen bei-maß, auch vom heutigen Standpunkt aus betrachtet gültig. Jedoch mußten zum einen einige seiner experimentellen Daten ersetzt werden, zum anderen mußte eine seiner grundlegenden Interpretationen dieser Daten zurückgewiesen werden. Beides soll zur Veranschaulichung meiner antifundamentalistischen Argumentation herangezogen werden.

Hertz konnte mit Hilfe seines Versuchsaufbaus die Geschwindigkeit der erzeugten Radiowellen messen. Seine Ergebnisse ließen darauf schließen, daß sich Radiowellen größerer Wellenlänge in der Luft schneller als in Drähten und schneller als Licht ausbreiteten, während Maxwells Theorie vorhersagte, daß sie sich sowohl in der Luft als auch in den Drähten der Hertzschen Apparatur mit Lichtgeschwindigkeit ausbreiten müßten. Aus Gründen, die auch schon Hertz vermutete, waren die Versuchsergebnisse zweifelhaft. Die Radiowellen, die von den Wänden von Hertz' Labor reflektiert wurden, wirkten sich störend auf die Messungen aus. Hertz selbst äußerte sich folgendermaßen zu den problematischen Ergebnissen (Hertz, 1894, S. 15):

> „Vielleicht fragt der Leser, warum ich nicht selbst versucht habe, durch Wiederholung der Versuche die Zweifel zu beseitigen. Ich habe die Versuche wohl wiederholt, aber ich habe dabei nur gefunden, was auch zu vermuten steht, daß die einfache Wiederholung unter ähnlichen Verhältnissen die Zweifel nicht zu beheben, sondern eher zu vermehren imstande ist. Die sichere Entscheidung steht bei Versuchen, welche unter günstigeren Verhältnissen ausgeführt werden. Günstigere Verhältnisse bedeuten hier größere Räume. Solche waren mir bisher nicht zur Hand. Ich betone nochmals, daß die Ungunst der Räume nicht durch Sorgfalt der Beobachtung kompensiert werden kann. Wenn sich die langen Wellen nicht entwickeln können, können sie auch nicht beobachtet werden."

Hertz' Versuchsergebnisse waren inadäquat, weil sein Versuchsaufbau für die betreffende Aufgabenstellung unzulänglich war. Die Wellenlängen der untersuchten Radiowellen mußten im Verhältnis zu den Ausmaßen seines Labors klein sein, wenn die unerwünschte Interferenz durch die reflektierten Wellen vermieden werden sollte. Im Laufe der folgenden Jahre wurden dann Experimente „unter günstigeren Verhältnissen" durchgeführt, bei denen Geschwindigkeiten festgestellt wurden, die mit den Vorhersagen der Theorie in Einklang standen.

In diesem Zusammenhang muß betont werden, daß Versuchsergebnisse nicht nur adäquat im Sinne genauer Aufzeichnungen über alle Vorgänge während des Experiments, sondern auch angemessen oder bedeutsam sein müssen. Sie müssen dem Zweck dienen, über eine signifikante Frage an die Natur Auskunft zu erteilen. Die Beurteilung, ob eine Frage bedeutsam oder ein bestimmtes Experiment die adäquate Art und Weise zu ihrer Beantwortung ist, hängt entscheidend davon ab, wie die jeweilige praktische und theoretische Sachlage eingeschätzt wird.

Hertz Versuche, die Geschwindigkeit der erzeugten Radiowellen zu messen, waren deswegen höchst bedeutsam, weil konkurrierende Theorien des Elektromagnetismus existierten und weil eine dieser Theorien vorhersagte, daß sich Radiowellen in der Luft mit Lichtgeschwindigkeit ausbreiten, während die Einschätzung, daß Hertz' Versuchsaufbau unzulänglich war, auf der Entdeckung der Reflexionseigenschaften der Radiowellen beruhte. Diese speziellen Versuchsergebnisse wurden aus Gründen, die vom physikalischen Standpunkt aus einleuchtend und alles andere als mysteriös sind, zurückgewiesen und bald durch neue ersetzt.

Diese Episode aus Hertz' Forschungen und seine Überlegungen dazu veranschaulichen nicht nur, daß Experimente der Fragestellung angemessen oder bedeutsam sein müssen und daß Versuchsergebnisse zurückgewiesen oder ersetzt werden, sobald sie diese Eigenschaften nicht mehr aufweisen, sondern zeigt auch deutlich, daß die Zurückweisung seiner Geschwindigkeitsmessungen nicht im geringsten mit Problemen der menschlichen Wahrnehmung im Zusammenhang steht. Es gibt keinen Grund, daran zu zweifeln, daß Hertz seine Apparatur sorgfältig beobachtete, Messungen durchführte, das Überspringen von Funken in dem Detektor registrierte und über die Anzeigen an seinen Instrumenten Aufzeichnungen führte. Wie auch Hertz selbst betonte, können seine Ergebnisse insofern als objektiv angesehen werden, als bei Wiederholung der Experimente ähnliche Resultate erzielt werden. Die Probleme mit seinen Versuchsergebnissen waren in keiner Weise darauf zurückzuführen, daß seine Beobachtungen unzulänglich oder die Experimente nicht in der gleichen Weise wiederholbar gewesen wären, sondern vielmehr darauf, daß sein Versuchsaufbau unzulänglich war. Wie auch Hertz selbst sich ausdrückte, kann „die Ungunst der Räume nicht durch Sorgfalt der Beobachtung kompensiert werden" (Hertz, 1894, S. 15). Selbst wenn wir den Empiristen zugestehen, daß Hertz mittels sorgfältiger Beobachtung in der Lage war, sichere Tatsachen festzustellen, wird doch klar, daß dadurch allein keine für die zu untersuchende wissenschaftliche Frage adäquate Versuchsergebnisse geliefert wurden.

Die obigen Ausführungen veranschaulichen, in welcher Weise die Akzeptanz von Versuchsergebnissen theorieabhängig ist und wie sich derartige Beurteilungen mit der Entwicklung unseres wissenschaftlichen Verständnisses wandeln. Auf einer allgemeineren Ebene zeigt sich dies darin, wie sich die Bedeutung der Erzeugung von Radiowellen durch Hertz seit der damaligen Zeit gewandelt hat. Zu der Zeit, als Hertz seine Experimente durchführte, sagte Maxwells Theorie, die elektromagnetische Phänomene als die Manifestation eines mechanischen Zustandes des Äthers auffaßte, Radiowellen auf eine völlig andere Art und Weise vorher als die konkurrierenden Fernwirkungstheorien. Folglich konnten Hertz und seine Zeitgenossen die Erzeugung von Radiowellen unter anderem als *Bestätigung der Existenz des elektromagnetischen Äthers* ansehen. Etwa zwanzig Jahre später sah die theoretische Problemsituation entschieden anders aus. Die elektromagnetische Theorie von Maxwell, die mittlerweile derart modifiziert worden war, daß das Elektron integriert werden konnte, hatte die konkurrierenden Fernwirkungstheorien verdrängt, wurde aber von Einsteins relativierender Version, die auf Maxwells mechanischen Äther verzichtet, in Frage gestellt. Sowohl Einsteins als auch Maxwells Theorie sagten voraus, daß sich Radiowellen mit Lichtgeschwindigkeit ausbreiten. Die Erzeugung von Radiowellen durch Hertz macht also in dieser Hinsicht keinen Unterschied zwischen den beiden Theorien und kann daher nicht als Beweis für die Existenz eines mechanischen Äthers herangezogen werden. Die Versuchsergebnisse von Hertz werden im großen und ganzen noch immer akzeptiert, doch die ihnen beigemessene Bedeutung hat sich gewandelt.

Ein weiteres Beispiel, das die Messungen von Molekulargewichten im 19. Jahrhundert betrifft, zeigt ebenfalls, inwieweit die Relevanz und die Interpretation von Versuchsergebnissen vom theoretischen Rahmen abhängig sind. Messungen der Molekulargewichte von in der Natur vorkommenden Elementen und Verbindungen wurden im 19. Jahrhundert von vielen Chemikern als äußerst wichtig angesehen, vor allem von den Anhängern von Prouts Hypothese, die besagte, daß das Wasserstoffatom ein Grundbaustein sei, aus dem alle anderen Elemente zusammengesetzt seien. Demnach müßten sich Molekulargewichte im Verhältnis zum Wasserstoffatom in – näherungsweise – ganzen Zahlen ausdrücken lassen. Die überaus sorgfältigen Messungen von Molekulargewichten durch die führenden Experimentalchemiker im 19. Jahrhundert wurden für die theoretische Chemie weitgehend irrelevant, als man herausfand, daß in der Natur vorkommende Elemente eine Mischung von Isotopen enthalten, deren jeweiligen Anteilen keine theoretische Bedeutung zukam. Dieser Umstand inspirierte den Chemiker F. Soddy 1932 zu dem folgenden Kommentar (zit. nach Lakatos, 1974, S. 136):

„Das Schicksal, das das Lebenswerk jener glänzenden Versammlung von Chemikern des 19. Jahrhunderts überholt hat – ein Werk, das die Zeitgenossen mit Recht als den Gipfel präziser wissenschaftlicher Messung verehrten –, ist sicher der Tragödie verwandt, wenn es sie auch nicht transzendiert. Ihre in harter Arbeit gewonnenen Ergebnisse erscheinen uns, zumindest im gegenwärtigen Augenblick, ebenso uninteressant und unwichtig wie die Bestimmung des Durchschnittsgewichts einer Sammlung von Flaschen, einige voll, einige mehr oder weniger leer."

Auch in diesem Fall wurden alte Versuchsergebnisse als irrelevant zurückgewiesen, und zwar nicht aufgrund von problematischen Eigenschaften der menschlichen Wahrnehmung. Das Werk dieser Chemiker wurde von den Zeitgenossen als der „Gipfel präziser wissenschaftlicher Messung" verehrt, und es gibt keinen Anlaß, die Angemessenheit der Beobachtungen und Messungen dieser Wissenschaftler anzuzweifeln, das gilt auch für ihre Objektivität. Zweifellos hätte eine Wiederholung ihrer Experimente durch die wenigen Chemiker, die damals über die entsprechenden Fertigkeiten verfügten, zu ähnlichen Ergebnissen geführt. Die angemessene Durchführung von Versuchen ist eine notwendige, doch keine hinreichende Voraussetzung für die Akzeptanz von Ergebnissen. Sie müssen bedeutsam oder relevant für eine bestimmte Fragestellung sein.

Was hier anhand von Beispielen erläutert wurde, läßt sich meines Erachtens vom Standpunkt der Physik und Chemie und ihrer Praxis zusammenfassen: Der Bestand an Versuchsergebnissen, der als angemessene Grundlage für die Überprüfung zeitgenössischer Theorie erachtet werden kann, wird ständig auf den neuesten Stand gebracht. Alte Versuchsergebnisse lassen sich aus recht einleuchtenden Gründen als inadäquat zurückweisen und zwar aufgrund einer unzureichenden Absicherung der Experimente gegen mögliche Störungsquellen, der wenig sensiblen und veralteten Nachweismethoden, der Unzulänglichkeit der Experimente zur Lösung des vorliegenden Problems oder aufgrund einer Diskreditierung der Fragestellung. Diese Feststellungen mögen zwar im Rahmen der alltäglichen wissenschaftlichen Verfahrensweisen als recht offensichtlich gelten, haben aber schwerwiegende Konsequenzen für die orthodoxe Wissenschaftsphilosophie, da sie mit der weit verbreiteten Ansicht aufräumen, daß sich die Wissenschaft auf sichere Grundlagen stützen könne. Da Versuchsergebnisse den empirischen Nachweis für die Richtigkeit unserer Theorien bilden, werden sie ständig verändert und auf den neuesten Stand gebracht. Die Wissenschaft hat also keine sicheren Grundlagen und braucht diese auch nicht. Die Gründe dafür haben dabei nicht unbedingt mit den problematischen Eigenheiten der menschlichen Wahrnehmung zu tun.

5.2 Implikationen für den Empirismus

Auf eine der Implikationen der Betrachtungen bezüglich einiger genereller Eigenschaften des Experiments in der Wissenschaft wurde im vorhergehenden Abschnitt bereits ausreichend hingewiesen, und zwar auf ihre Unvereinbarkeit mit der Annahme der Empiristen, daß sichere Grundlagen für die Wissenschaft durch die Sinneswahrnehmung geliefert würden. Beobachtungsaussagen allein sind, wie sicher ihr Zustandekommen mit Hilfe der Sinne auch angesehen werden mag, nicht ausreichend, um für die Wissenschaft signifikante Versuchsergebnisse zu liefern.

Wie Roy Bhaskar (1978) überzeugend darlegt, ist das Durchführen von Experimenten unvereinbar mit einem großen Teil empiristischer Auffassungen von wissenschaftlichen Gesetzen, nach denen diese als konstantes Zusammentreffen von Ereignissen im Sinne Humes angesehen werden. Dieser Formulierung zufolge entsprechen wissenschaftliche Gesetze dem Schema „auf jeden Vorgang des Typs A folgt ein Vorgang des Typs B" oder, gemäß dem extremen Empirismus, „wann immer das Auftreten eines Ereignisses des Typs A beobachtet wird, wird das Folgen eines Ereignisses des Typs B beobachtet". Das führt jedoch zu Schwierigkeiten, die sich aus der obigen Erörterung der Problematik bei Galileis Einführung des Experiments in die Physik ergeben (s. Kap. 3). Es lassen sich, wenn überhaupt, nur wenige beobachtbare Regelmäßigkeiten in der uns umgebenden beobachtbaren Welt feststellen; so werden zum Beispiel Aussagen, die für solche allgemeinen Gesetze in Frage kämen wie etwa „Gegenstände von höherer Dichte als Wasser gehen im Wasser unter" durch Wasserläufer und auf der Oberfläche schwimmende Nadeln widerlegt. Die Wirklichkeit verhält sich nicht regelmäßig genug, als daß wir ausnahmslose Regelmäßigkeiten feststellen könnten, obgleich das Sonnensystem fast eine Ausnahme bildet. Wie die Erörterung von Galileis Neuerungen zeigte, bietet das Experimentieren in gewisser Hinsicht eine Lösung dieses Problems. Wir können auf künstliche Art und Weise physikalische Verhältnisse herstellen, in denen Regelmäßigkeiten im Sinne Humes vorherrschen, so daß etwa eine bestimmte Veränderung der Stromstärke, wie sie von einem Amperemeter angezeigt wird, jedesmal von der gleichen Verschiebung eines Punktes auf einem Leuchtschirm begleitet wird. Werden diese Regelmäßigkeiten, die im allgemeinen nur in Versuchssituationen vorherrschen, jedoch mit wissenschaftlichen Gesetzen gleichgesetzt, so läßt sich nicht erklären, wodurch das Verhalten der Welt außerhalb experimenteller Situationen bestimmt wird. Die Sichtweise vom konstanten Zusammentreffen von Ereignissen ist möglicherweise mit den Regelmäßigkeiten der Hertzschen Experimente vereinbar, aber sie erlaubt keinen Rückgriff auf Gesetze, die erklären, wie ein Radiosignal von schwankender Stärke Sydney vom Pazifik aus erreicht. Wenn wissenschaftliche Gesetze mit regelmäßig konstanten Zusammentreffen gleichgesetzt werden, können unregelmäßige Situationen nicht als gesetzmäßig betrachtet werden. Dies steht im Widerspruch zu der naturwissenschaftlichen Annahme, daß die Gleichungen von Maxwell ebenso auf unregelmäßige Kurzwellen-Radiosignale zutreffen wie auch auf die von Hertz erzeugten Radiowellen.

Die obige Diskussion unterstreicht ein Problem, das sich für eine spezielle empiristische Auffassung von wissenschaftlichen Gesetzen ergibt. Spätestens seit Galilei jedoch stellt dies für die Wissenschaft kein Problem mehr dar. Beweise bezüglich der Richtigkeit wissenschaftlicher Gesetze werden in Versuchssituationen erlangt, doch die dabei ermittelten Gesetze werden auch für nichtexperimentelle Situationen als gültig angesehen, nur wird ihre Wirkung hier von anderen Gesetzen überlagert, so daß die tatsächlichen Vorgänge unregelmäßig verlaufen. Vom Standpunkt der Physik aus läßt sich ohne weiteres verstehen, daß die Oberflächenspannung das Untergehen einer Nadel verhindert, oder daß verschiedene atmosphärische und andere Störungen die unregelmäßige Stärke eines Radiosignals verursachen. Die heutige wissenschaftliche Praxis impliziert, daß Naturphänomene von Gesetzen bestimmt werden, daß aber in der Realität der Natur diese Phänomene in einer sehr komplexen Art und Weise miteinander verknüpft sind. Um erkenntnistheoretisch relevante Informationen zu erlangen, besteht daher die Notwendigkeit für Experimente. Diese Ansicht ist unvereinbar mit der Auffassung von wissenschaftlichen Gesetzen als empirische Regelmäßigkeiten und zeigt auch, weshalb Beschreibungen von beobachtbaren Zuständen im allgemeinen nicht als Bausteine zum Aufbau wissenschaftlicher Erkenntnis geeignet sind, wie dies von vielen Empiristen gern gesehen wird (s. Feyerabend, 1978). Beobachtbare Vorgänge sind das Ergebnis einer komplexen Verknüpfung diverser Prozesse, die nicht unbedingt von erkenntnistheoretischer Bedeutung sein müssen. Die Wissenschaft verlangt die Erzeugung und Beobachtung relevanter Vorgänge, und eben dies sollen Experimente ermöglichen.

5.3 Implikationen für Poppers Wissenschaftstheorie

Ein zentrales Element von Poppers Weiterentwicklung des Falsifikationismus ist der Begriff des empirischen Gehalts einer Theorie. Laut Popper werden in der Wissenschaft Theorien mit einem hohen empirischen Gehalt angestrebt; ein Theorienwechsel wird als progressiv angesehen, wenn der empirische Gehalt der neuen Theorie größer ist als der ihrer Vorgängerin. Die dieser Auffassung vom Ziel der Wissenschaft zugrunde liegende Logik ist leicht nachvollziehbar. Wenn wir den empirischen Gehalt einer Theorie als Maßstab für die substantiellen Aussagen dieser Theorie über das Verhalten der Welt nehmen, dann bedeutet eine Präferenz von Theorien mit größerem empirischen Gehalt nichts anderes als eine Präferenz jener Theorien, die uns viel über die Welt mitteilen. Je umfassender wiederum die Aussagen dieser Theorien sind, desto mehr Möglichkeiten gibt es, sie zu falsifizieren. Entscheidet man sich also bei zwei konkurrierenden Theorien für diejenige mit dem größeren empirischen Gehalt, so wählt man damit diejenige mit dem höheren Falsifizierbarkeitsgrad (Popper, 1994, S. 77ff.). Auf diese allgemeine Art formuliert, erscheint Poppers Standpunkt durchaus plausibel. Schaut man sich jedoch seine Ausführungen im Detail an, so tauchen ernsthafte Probleme auf, die auf die oben beschriebene Rolle des Experiments zurückzuführen sind.

Popper (1994, S. 84) definiert „den empirischen Gehalt" einer Theorie „als die Klasse [ihrer] Falsifikationsmöglichkeiten". Eine Falsifikationsmöglichkeit ist das Auftreten von Beobachtungsaussagen (von Popper als „Basissätze" bezeichnet), die zu der Theorie im Widerspruch stehen. So wäre zum Beispiel das Auftreten von fünf beobachteten Stellungen eines Planeten, die nicht auf einer Ellipse liegen, eine Falsifikationsmöglichkeit des Gesetzes „Planeten bewegen sich auf elliptischen Bahnen um die Sonne". In der Regel gehören zu einer Falsifikationsmöglichkeit genaue Angaben über den Versuchsaufbau, mit dem eine Theorie überprüft werden soll, sowie die Beschreibung eines Ergebnisses, das mit der Vorhersage der Theorie nicht im Einklang steht. Eine Falsifikationsmöglichkeit von Galileis Fallgesetz wäre etwa die Beschreibung des Versuchsaufbaus bei seinem Experiment zur Fallbewegung längs einer geneigten Ebene in Verbindung mit Aufzeichnungen der Bewegungszeiten für verschieden lange Strecken auf der Ebene, die nicht im Einklang mit einer konstanten Beschleunigung stehen. Im Gegensatz dazu stellte die Beschreibung eines ungleichmäßig fallenden Blattes im Herbst keine Falsifikationsmöglichkeit von Galileis Theorie dar. Durch die Miteinbeziehung von Winden und Luftwiderstand läßt sich das abweichende Fallverhalten mit Galileis Aussagen über den freien Fall vereinbaren. Die Falsifikationsmöglichkeiten einer Theorie sind diejenigen Versuchsergebnisse, die durch ihr Auftreten die Theorie widerlegen würden. Der empirische Gehalt einer Theorie ist gleich der Menge von Vorgängen, die sie für unzulässig erklärt. Wissenschaftliche Gesetze sind also Verbote. Popper (1994, S. 77) stellt ausdrücklich fest, daß Theorien nichts über die mit ihnen zu vereinbarenden Vorgänge aussagen.

Poppers Gleichsetzung des Gehalts einer Theorie mit der Menge ihrer Falsifikationsmöglichkeiten bringt eine unerwünschte Konsequenz mit sich. Laut Popper (1994, S. 77) ist es die „Klasse der Falsifikationsmöglichkeiten", die festlegt, was eine Theorie über die Welt „aussagt" und damit den „empirischen Gehalt einer Theorie" darstellt. Doch abgesehen von Ausnahmesituationen, wie sie im Sonnensystem vorherrschen, kann eine Theorie nur mittels eines kontrollierten Experiments falsifiziert werden, so daß also die Menge der Falsifikationsmöglichkeiten aus der genauen Beschreibung von Experimenten und deren Ergebnissen besteht. Aus Poppers Standpunkt folgt daher, daß der Gehalt einer Theorie aus den Versuchsergebnissen besteht, die nicht mit ihr vereinbar sind und nichts über das Verhalten der Welt außerhalb experimenteller Situationen aussagt. Dies steht im Konflikt zu der Tatsache, daß wissenschaftliche Theorien ständig außerhalb von Versuchssituationen angewendet werden. Die genaue Beschreibung des Einbrechens einer Brücke wäre keine Falsifikationsmöglichkeit der Newtonschen Mechanik, es würde vielmehr auf Verschleiß, starke Winde und Ähnliches zurückgeführt. Trotzdem gehen die Konstrukteure mit Recht davon aus, daß die Mechanik von Newton auch auf die Brücke anwendbar ist. Ebenso wäre die Beschreibung des ungleichmäßigen Falls eines Blattes im Herbstwind keine Falsifikationsmöglichkeit von Newtons Gravitationstheorie, sondern wir wissen, daß die Schwerkraft in Übereinstimmung mit dieser Theorie auf das Blatt einwirkt und daher die Tatsache, daß Herbstlaub üblicherweise auf die Erde fällt, auf die Wirkung der Schwerkraft zurückzuführen ist.

Indem er den Gehalt einer Theorie als die Menge ihrer Falsifikationsmöglichkeiten definiert, setzt Popper den Anwendungsbereich einer Theorie mit dem Bereich ihrer adäquaten Prüfsituationen gleich. An anderer Stelle vertritt Popper (1987, S. 92) einen plausibleren Standpunkt:

> „Entscheidend ist folgendes: obwohl man annehmen darf, daß jede tatsächliche Abfolge von Phänomenen nach den Naturgesetzen stattfindet, muß man sich darüber im klaren sein, daß praktisch *keine Folge von beispielsweise drei oder mehr kausal verknüpften Ereignissen nach einem einzigen Naturgesetz abläuft.* Wenn der Wind einen Baum schüttelt und Newtons Apfel zu Boden fällt, dann wird niemand leugnen, daß diese Ereignisse mit Hilfe von Kausalgesetzen beschrieben werden können. Es gibt jedoch nicht *ein* Gesetz wie das der Schwerkraft, nicht einmal *ein* bestimmtes System von Gesetzen, das die tatsächliche, konkrete Sukzession kausal verknüpfter Ereignisse beschreiben würde. Außer der Schwerkraft müßten wir die Gesetze des Winddrucks berücksichtigen, dazu noch die Schüttelbewegungen des Zweiges, die Spannung im Stengel des Apfels, die Quetschung des Apfels beim Aufprall, die chemischen Prozesse, die aus der Quetschung des Apfels resultieren usw.

Die Vorstellung, daß (außer in Fällen wie dem der Pendelbewegung oder eines Sonnensystems) irgendeine konkrete Abfolge von Ereignissen durch *ein* Gesetz oder *ein* bestimmtes System von Gesetzen beschrieben oder erklärt werden könnte, ist einfach falsch."

Hier erkennt Popper an, daß der Fall des Apfels von Kausalgesetzen wie etwa dem Gesetz der Schwerkraft bestimmt wird, gleichzeitig macht er aber auch deutlich, daß die beobachtete Folge von Ereignissen nicht mit Hilfe eines einzigen Gesetzes oder eines „bestimmten Systems von Gesetzen" beschrieben werden könne. Letzteres impliziert, daß Beschreibungen von Ereignissen, die in der kurzen Zeit, in welcher der Apfel vom Baum fällt, stattfinden, keine Falsifikationsmöglichkeit irgendeines Kausalgesetzes darstellen. Popper (1994) kommt daher zwangsläufig zu dem Schluß, daß Naturgesetze über die beobachtete Folge von Ereignissen „nichts aussagen" oder „keine Informationen vermitteln". Dies steht im Widerspruch zu seiner Aussage, daß niemand leugnen werde, „daß diese Ereignisse mit Hilfe von Kausalgesetzen beschrieben werden können". Mit meiner Erörterung des Experiments wird nahegelegt, daß dieser Widerspruch in Poppers Aussagen beseitigt werden sollte, indem seine Auffassung vom empirischen Gehalt einer Theorie abzulehnen ist.

Popper versuchte, die Überlegenheit einer Theorie über ihre Vorgängerin anhand des größeren empirischen Gehalts der neuen Theorie zu erklären. Er war sich dessen bewußt, daß die Präzisierung des Begriffs des „größeren Gehalts" Schwierigkeiten bereitet. Er führte allerdings bestimmte Fälle an, bei denen dieses Problem gelöst werden könne. Wir können von Theorie A sagen, daß sie einen größeren Gehalt habe als Theorie B, wenn die Falsifikationsmöglichkeiten von B eine Teilklasse derer von Theorie A bilden. Dadurch wird verständlich, inwiefern die Aussage „alle Planeten bewegen sich auf elliptischen Bahnen" einen größeren Gehalt hat als die Aussage „der Mars bewegt sich auf einer elliptischen Bahn". Sobald wir uns jedoch vor Augen halten, daß, wie oben betont, die Basis zur Überprüfung unserer Theorien von Versuchsergebnissen gebildet wird, so daß Poppers Falsifikationsmöglichkeiten aus den Beschreibungen von Versuchsanordnungen und Versuchsergebnissen bestehen, wird offensichtlich, daß der Vergleich konkurrierender Theorien anhand der Menge ihrer Falsifikationsmöglichkeiten kein geeigneter Weg ist. Denn es wird häufiger vorkommen, daß die Experimente, welche die Falsifikationsmöglichkeiten einer aufgegebenen Theorie lieferten, nicht etwa in die Menge der Falsifikationsmöglichkeiten der ihr überlegenen Theorie aufgenommen, sondern aus nachvollziehbaren Gründen als irrelevant verworfen werden.

5.4 Die Verteidigung des Experiments

Meiner Auffassung vom Experiment zufolge sind Versuchsergebnisse grundsätzlich theorieabhängig. Beurteilungen bezüglich der Angemessenheit und Bedeutung eines Versuchsergebnisses sind abhängig von mehr oder minder anspruchsvollen theoretischen Annahmen hinsichtlich der Angemessenheit des Versuchsaufbaus. Dies gibt manchen Kritikern Anlaß zu starker Skepsis. Sie schließen daraus, daß Versuchsergebnisse keine objektive Grundlage für die Überprüfung unserer Theorien bilden können, weil diese selbst theorieabhängig sind. Wir sind hier sozusagen im Bereich der Theorie gefangen und können aus ihm nicht heraustreten, um unsere Theorien an theorieunabhängigen Daten zu messen. Theorien erzeugen ihre eigenen Daten in Form von Versuchsergebnissen, die sie bestätigen sollen.

Eine sehr deutliche Darstellung des obigen Standpunkts verdanken wir Barry Hindess (zit. nach Collier, 1979):

„Wenn die Überprüfung ein rationaler Vorgang ist, dann muß es eine atheoretische, von einer vorab festgelegten Bezugnahme zwischen Sprache und Wirklichkeit bestimmte Form der Beobachtung geben. Wenn man, wie Popper dies tut, sowohl die Rationalität der Überprüfung als auch die These, daß Beobachtung einer Interpretation im Lichte einer Theorie sei, vertritt, so ist dies ein offensichtlicher und absurder Widerspruch."

Was daraus folgt, ist offensichtlich: Wenn unsere Beobachtungsberichte und Versuchsergebnisse theorieabhängig sind, dann kann die Prüfung von Theorien nicht rational sein. Ein ähnlicher Schluß wird auf einer allgemeineren philosophischen Ebene in einem einflußreichen Werk von Richard Rorty (1981) gezogen. Nach einer mit der meinigen vergleichbaren Kritik an der fundamentalistischen Erkenntnistheorie schließt er mit der Befürwortung einer höchst relativistischen Position, der zufolge die Suche nach Erkenntnis auf den Bereich der „Konversation" beschränkt sei.

Das erste Gegenargument, das hier gegen Skeptiker angeführt werden muß, entspricht Ian Hackings (1996) Replik auf Rorty. Wenn wir den Skeptikern auch zugestehen, daß alle unsere Beobachtungen und Versuchsberichte sowie unsere Rechtfertigungen derselben notgedrungen in theorieabhängiger Sprache formuliert sind, so muß man doch beachten, daß bei Experimenten nicht nur über die Welt geredet, sondern auch praktisch auf sie eingewirkt wird. Als zweites Gegenargument muß betont werden, daß Versuchsergebnisse entschieden stärker von der Beschaffenheit der Welt bestimmt werden als von den Theorien, die beim Entwurf der Versuche beziehungsweise bei der Interpretation der Ergebnisse eine Rolle spielen, oder von der Überzeugung des Experimentators bezüglich der Richtigkeit dieser Theorien. Die Einzelheiten eines Versuchsaufbaus und die Bedeutung, die den Ergebnissen beigemessen wird, sind zwar von der theoriegeleiteten Beurteilung des Experimentators abhängig, doch sobald die Geräte in Gang gesetzt sind, werden die Position eines Zeigers auf einer Skala, das Ticken eines Geigerzählers, die Blitze auf den Bildschirmen etc. nur noch von der Beschaffenheit der Welt bestimmt. Weil die physikalische Welt so ist, wie sie ist, lieferte ein 1883 von Hertz durchgeführtes Experiment keinen feststellbaren Nachweis für die elektromagnetische Wirkung von Kathodenstrahlen. 20 Jahre später wurde dagegen aus demselben Grund der feststellbare Nachweis durch J. J. Thomsons besser geeignete Geräte erbracht (Hon, 1987). Die unterschiedlichen Ergebnisse der beiden Physiker waren auf wesentliche Unterschiede zwischen den Versuchsanordnungen zurückzuführen und nicht auf die Unterschiede zwischen den von ihnen vertretenen Theorien.

Es ist also auf die Tatsache zurückzuführen, daß Versuchsergebnisse weitaus stärker vom Wirken der Welt als von theoretischen Ansichten der Experimentierenden bestimmt werden, daß die Möglichkeit existiert, Theorien an der Wirklichkeit zu messen. Das soll nicht heißen, daß signifikante Ergebnisse einfach zu erhalten oder daß die Signifikanz von Versuchsergebnissen immer eindeutig und auch nicht, daß Versuchsergebnisse sowie die aus ihnen gezogenen Schlüsse unfehlbar seien. Meine Kritik richtet sich gegen den skeptischen Relativismus, nicht gegen den Fallibilismus. Das Ziel, objektive, eindeutige und signifikante Versuchsergebnisse hervorzubringen, stellt eine höchst anspruchsvolle Aufgabe dar. Es gibt zwar keine apriorische Garantie dafür, daß diese Aufgabe gelöst werden kann, doch hat es sich in der Geschichte der Wissenschaft und ihrer Praxis gezeigt, daß dies oft möglich ist.

5.5 Der Regreß des Experimentators

In den letzten Jahren sind von seiten der Soziologen Zweifel an der Rolle des Experiments in der Wissenschaft laut geworden. In Anbetracht des Ausmaßes, in dem die Angemessenheit von Versuchsergebnissen und die ihnen beigemessene Bedeutung von theoretischen Überlegungen und differenziertem praktischen Urteilsvermögen abhängen, sehen sie einen Zirkelschluß in der Ansicht, daß Experimente eine adäquate Grundlage zur Überprüfung wissenschaftlicher Theorien liefern könnten. Dieses Problem ist als „der Regreß des Experimentators" bezeichnet worden. So stellt etwa Andrew Pickering (1981, S. 229) bezüglich der Analyse von Experimenten zum Nachweis von Quarks fest:

> „ ... man kann die Beurteilung darüber, ob ein experimentelles System hinreichend genau ist, nicht von der Beurteilung des Phänomens trennen, das es zu beobachten vorgibt: Glaubt man an die Existenz von freien Quarks, so ist das Stanford-Experiment [das nach Ansicht der Durchführenden freie Quarks nachgewiesen hatte] genügend genau; andernfalls ist es das nicht."

Ähnlich äußert sich auch Collins (1985, S. 84) in Hinsicht auf Experimente zum Nachweis von Hochfluß-Gravitationswellen:

„Wie das richtige Ergebnis aussieht, hängt davon ab, ob Gravitationswellen vorhanden sind, die in erkennbaren Strömen auf den Boden auftreffen. Um das herauszufinden, muß ein guter Gravitationswellendetektor gebaut und geprüft werden, ob dies der Fall ist. Es läßt sich jedoch nicht sagen, ob der Gravitationswellendetektor gut ist, bevor man ihn nicht ausprobiert und das richtige Ergebnis erzielt hat! Doch wir wissen nicht, wie das richtige Ergebnis aussieht, bevor ... etc. *ad infinitum*."

Angesichts dieses Kreislaufs, den er „Regreß des Experimentators" nennt, zieht Collins den Schluß, daß der Rückgriff auf Experimente keine objektive und wissenschaftliche Methode zur Beilegung wissenschaftlicher Kontroversen sei. „Einige 'nichtwissenschaftliche' Taktiken müssen angewandt werden, denn die Möglichkeiten des Experiments allein reichen nicht aus" (Collins, 1985, S. 143). Das Ende der Hochfluß-Gravitationswellen sei somit „ein sozialer und politischer Prozeß" gewesen (Collins, 1981, S. 54). Nicht einmal Experimente im paranormalen Bereich, die angeblich das Gefühlsleben der Planeten offenbaren, könnten als nichtwissenschaftlich abgetan werden. Wenn man an die Existenz des Paranormalen glaube, seien die Experimente adäquat, anderenfalls seien sie es nicht.

Meiner Meinung nach beleuchten die Studien von Collins und gleichgesinnten Soziologen zwar auf interessante Weise das Wesen und die Komplexität experimenteller Arbeit, doch ich bin nicht der Ansicht, daß ihre extremen Schlußfolgerungen gerechtfertigt sind. Sie werden auch von ihren Untersuchungen nicht gestützt. Um die Diskussion einfacher und überschaubarer zu machen, konzentrieren wir uns auf eine von Collins bedeutendsten Studien zur Verteidigung seines Standpunkts. Es handelt sich um eine Untersuchung der Debatte über Experimente zum Nachweis von Gravitationswellen von dem Zeitpunkt an, als J. Weber im Jahre 1969 behauptete, sie entdeckt zu haben, bis etwa 1975, als die Debatte beendet und Webers Behauptungen zurückgewiesen wurden (Collins, 1985, Kap. 3).

Ziel der Experimente war es, mit Hilfe eines Detektors die von der angenommenen Wechselwirkung zwischen den Gravitationswellen verursachten Signale zu identifizieren und sie von jenen zu unterscheiden, die von thermischem Rauschen und anderen Geräuschen erwartet wurden. Die Stärke des von Weber angeblich nachgewiesenen Signals stand in keinem Verhältnis zu dem, was nach den damals vorherrschenden Theorien, einschließlich Einsteins Relativitätstheorie, zu erwarten gewesen wäre. Webers Experimente wurden daher mit Skepsis betrachtet, vor allem da sie sich in einem Bereich bewegten, der unter Umständen kaum mehr als statistisch signifikant betrachtet werden konnte. Es ging nicht so sehr um die Existenz von Gravitationswellen, die angesichts der Theorie von Einstein allgemein angenommen wurden, sondern um die Existenz von Hochfluß-Gravitationswellen, von denen Weber behauptete, sie entdeckt zu haben.

Anfang der siebziger Jahre wurden Versuche unternommen, Webers Experimente zu reproduzieren, doch bei diesen wurden keine statistisch signifikanten Signale nachgewiesen. Weber forschte dabei in zwei Richtungen, die beide auf eine Bestätigung seiner Theorie hoffen ließen. Er behauptete erstens, es bestünden bedeutende Korrelationen zwischen Signalen, die von Tausenden von Kilometern entfernten Detektoren nachgewiesen worden waren, und zweitens, daß die Signale eine annähernd vierundzwanzigstündige Periodizität aufwiesen, was auf eine Korrelation zwischen den nachgewiesenen Signalen und der Position der Erde im Verhältnis zu den Sternen hinwies: Beide Korrelationen stützten die Behauptung, daß die von Weber nachgewiesenen Signale von Gravitationswellen verursacht wurden, welche die Erde aus einer bestimmten Richtung des Raums erreichten. Webers Argumente für die Korrelation zwischen verschiedenen Detektoren wurden jedoch stark in Frage gestellt, als sich ein Fehler in seinem Computerprogramm fand und sich herausstellte, daß einige der Signale von weit entfernten Detektoren, die er mit seinen eigenen verglich und von denen er dachte, sie seien zur selben Zeit aufgezeichnet worden, in Wirklichkeit mit einer zeitlichen Differenz von vier Stunden aufgezeichnet worden waren. Was die Korrelationen betraf, so waren Webers Versuche, sie zu belegen, nicht von Erfolg gekrönt. Die vermeintliche Korrelation löste sich in Luft auf.

Ein weiterer Streitpunkt zwischen Weber und seinen Kritikern betraf die Art des Systems einschließlich des Schaltungsaufbaus und des Computerprogramms, das er zur Verarbeitung des ursprünglichen Signals vom Detektor benutzte. Webers Kritiker stützten sich auf allgemein anerkannte Erkenntnisse, mit deren Hilfe sie zeigen konnten, daß die Verwendung eines linearen Systems für einen Großteil von Signalarten besser geeignet sei als das von Weber benutzte nichtlineare System. Weber erhielt mit einem linearen System keine statistisch signifikanten Ergebnisse, woraus er schloß, daß die Impulse, die seiner Meinung nach durch die Absorption von Gravitationswellen entstanden, tatsächlich ein ungewöhnliches Profil aufweisen mußten. Im Jahre 1975 fanden Webers Argumente keinen Rückhalt mehr in der *Scientific community*. Die Existenz von Hochfluß-Gravitationswellen wurde verworfen und Forschungen in dieser Richtung aufgegeben.

Collins stellt anhand seiner und anderer Studien den besonderen erkenntnistheoretischen Status in Frage, der wissenschaftlicher Erkenntnis gern beigemessen wird. Er kommt zu dem Schluß, daß die vielschichtigen Debatten innerhalb der Wissenschaft nicht durch Rückgriff auf Experimente, also nicht auf eine als „wissenschaftlich" angesehene Art und Weise beigelegt werden können. Vielmehr geschehe dies im allgemeinen durch sozialen und politischen Druck. Aus seiner Fallstudie über den Disput bezüglich der Gravitationswellen folgert er, es gebe „keine Menge 'wissenschaftlicher' Kriterien, anhand derer die Gültigkeit der Ergebnisse auf diesem Gebiet nachgewiesen werden kann. Der Regreß des Experimentators zwingt Wissenschaftler dazu, andere Qualitätskriterien heranzuziehen" (Collins, 1985, S. 88), so daß „gewisse 'nichtwissenschaftliche' Kriterien angewandt werden müssen" (Collins, 1985, S. 143). Er weist darauf hin, daß es Möglichkeiten gebe, die Argumente gegen Weber so zu interpretieren, daß, „hält man ihm die jedem Experiment innewohnenden Unzulänglichkeiten zugute, man nicht notwendigerweise zu einer klaren Ablehnung der Hochfluß-Theorie hätte kommen müssen" (Collins, 1985, S. 91). Da der „Regreß des Experimentators eine ‚objektive' Lösung" verhindere (Collins, 1985, S. 151), hänge es von den sozialen und politischen Interessen der Gemeinschaft der Wissenschaftler ab, welchem zweier gleichermaßen akzeptabler Ergebnisse der Vorzug gegeben werde. „Nicht die Regelmäßigkeit der Welt drängt sich unseren Sinnen auf, sondern die Regelmäßigkeit unseres institutionalisierten Glaubens" (Collins, 1985, S. 148).

Collins' Ansichten sind widerlegbar und werden auch von seinen Fallstudien nicht bestätigt. Vor allem basiert der Regreß des Experimentators in der Art, wie Collins und auch andere, wie etwa Pickering ihn sehen, auf einem unzulänglichen Verständnis des Wesens und der Rolle von Experimenten.

Ein wichtiges Argument gegen extreme und ungerechtfertigte Schlußfolgerungen aus der Theoriebeladenheit von Experimenten ist (wie im Abschnitt 5.4 dargelegt wurde) die Tatsache, daß Versuchsergebnisse weitaus stärker von der Beschaffenheit der physikalischen Welt bestimmt werden als von den Theorien, denen jene anhängen, welche die Experimente durchführen oder interpretieren. Weber hätte es äußerst gern gesehen, wenn die von seinem Versuchsaufbau ausgehenden Signale eine vierundzwanzigstündige Periodizität aufgewiesen hätten, doch die Welt tat ihm diesen Gefallen nicht.

Wir können mit Collins und ihm gleichgesinnten Soziologen davon ausgehen, daß die Angemessenheit und Bedeutsamkeit experimenteller Ergebnisse durch die theoretischen Vorannahmen beeinflußt werden. Der von Collins so formulierte Regreß des Experimentators, der die Vorstellung von Experimenten als objektive Basis für die Bewertung von Theorien in Frage stellt, wirkt sich nur dann aus, wenn die zu überprüfenden Thesen, also zum Beispiel daß Hochfluß-Gravitationswellen oder freie Quarks existieren, Teil jener Vorannahmen sind, die bei dem Entwurf der Experimente zur Überprüfung eben dieser Thesen eine Rolle spielen. Wenn die Angemessenheit von Experimenten zur Überprüfung der Existenz von Hochfluß-Gravitationswellen erst dann beurteilt werden kann, wenn man schon eine bestimmte Einstellung bezüglich ihrer Existenz hat, dann gerät man tatsächlich in den von Collins und Pickering bemängelten Zirkelschluß. Doch dies ist keine bei experimentierenden Wissenschaftlern übliche Situation, und sie entspricht auch nicht der, in der sich Weber und seine Kritiker befanden.

Bei jeder wissenschaftlichen Kontroverse kommt es darauf an, definitive Versuchsergebnisse vorzulegen, welche die Fragestellung nicht präjudizieren. Diese Ergebnisse sind jeweils von Annahmen abhängig, die ihnen zugrunde gelegt werden, und diese müssen der Herausforderung standhalten. Soll dies sinnvoll und erfolgversprechend sein, so muß diese Herausforderung begleitet sein von einer Strategie, die zwischen der in Frage gestellten Annahmen und der vorgeschlagenen Alternative unterscheidet. Dies steht im Einklang mit dem allgemeinen Ziel der Wissenschaft, wie es in Kapitel 3 beschrieben wurde, demgemäß wir die Richtigkeit unserer Thesen über die Welt beurteilen sollten, indem wir sie auf praktische Art und Weise mit der Welt konfrontieren. Die von Weber und seinen Kritikern ausgeführten Experimente können ohne weiteres in diesem Sinne interpretiert werden. Die Urteile über die angebliche Angemessenheit der verschiedenen Ergebnisse beruhten auf einer ganzen Anzahl von Annahmen, welche aber nicht zu der Art von Annahmen gehörten, die zu der von Collins genannten Zirkularität führt. Einige der Ergebnisse waren leicht zu widerlegen, zum Beispiel durch den Rückgriff auf gängige Annahmen über die notwendigen Eigenschaften eines verläßlichen Computerprogramms. Andere Kritikpunkte waren subtilerer Art. Wie bereits erwähnt, wurde Weber kritisiert, weil er zur Verstärkung der Signale ein nichtlineares System verwendete, obwohl es allgemein anerkannt war, daß lineare Systeme empfindlicher waren. Weber akzeptierte das Hintergrundwissen, auf dem diese Kritik beruhte, und kam zu dem Schluß, daß die Impulse, die von seinem Detektor ausgingen, ein ungewöhnliches Profil aufweisen müssen. Seine Kritiker verwiesen mit Recht auf den Ad-hoc-Charakter dieser Reaktion. Was zur Stützung von Webers Argumenten statt dessen nötig gewesen wäre, sind unabhängige Beweise für dieses ungewöhnliche Profil. Solche Beweise sind durchaus denkbar. Mit Hilfe eines empfindlicheren Schaltungsaufbaus etwa könnte die Impulsform möglicherweise festgestellt werden. Doch Weber und seine Anhänger sind bis heute einen solchen Beweis schuldig geblieben. Es gibt vernünftige, objektive wissenschaftliche Gründe dafür, mit Hilfe der derzeitigen Beweislage die Existenz von Hochfluß-Gravitationswellen zurückzuweisen.

Die meisten der Beweise, die Collins für die Bedeutung von „nichtwissenschaftlichen" Faktoren in der Kontroverse um Hochfluß-Gravitationswellen anführt, bezieht er aus Ergebnissen von Befragungen der Beteiligten. Collins (1985, S. 87) zeigt auf, daß die von Wissenschaftlern genannten Gründe für die Annahme oder Ablehnung von Versuchsergebnissen oft Kriterien beinhalteten wie die Persönlichkeit oder die Nationalität der Experimentatoren, die Größe und das Ansehen der Universität, die Frage, ob die Wissenschaftler in der Industrie oder im Hochschulbereich arbeiteten, die Art und Weise, wie sie ihre Ergebnisse präsentieren etc. Doch diese Beobachtungen geben nicht einmal Anlaß, die traditionellsten Auffassungen von der Rationalität der Wissenschaft in Frage zu stellen. Die alltäglichen Entscheidungen von Wissenschaftlern bezüglich der zu verfolgenden Forschungsrichtungen und Strategien, welche Experimente sie akzeptieren beziehungsweise in Frage stellen sollen und ähnliches, werden selbstverständlich immer von einer Menge subjektiver Faktoren, wie den von Collins angeführten, beeinflußt. Doch solche Faktoren sollten für die Akzeptanz wissenschaftlicher Thesen nicht bestimmend sein und waren es auch nicht im Streit über Gravitationswellen.

Ein weiterer Aspekt, der von Collins mit Bezug auf seine Befragungen betont wird, sind die Unterschiede und oft sogar Widersprüche in den Überzeugungen und Urteilen von Wissenschaftlern. So sprach etwa die Tatsache, daß die statistische Analyse in Webers Experiment von einem Computer durchgeführt wurde, nach Meinung des einen Wissenschaftlers für Weber, während es für einen anderen einen Kritikpunkt darstellte; manche sahen Übereinstimmungen zwischen getrennten Detektoren als höchst signifikant an, andere überhaupt nicht; manche fanden die Beweise für die Existenz von Gravitationswellen überzeugend, andere wieder nicht. Collins sieht darin eine Bestätigung seiner Ansicht, daß es auf solche

Fragen nicht eine einzige richtige wissenschaftliche Antwort gebe, so daß der Grund dafür, daß sich eine bestimmte Antwort gegen alle anderen durchsetze, in nichtwissenschaftlichen Faktoren zu suchen sei. Die von Collins aufgezeigten Unterschiede und Widersprüche in den Urteilen und Überzeugungen von Wissenschaftlern sind völlig akzeptabel und keineswegs überraschend. Doch eine Übertragung dieser Unterschiede auf wissenschaftliche Erkenntnis an sich ist nicht gerechtfertigt, sie beruht auf einer zu starken Identifikation wissenschaftlicher Erkenntnis mit den Überzeugungen und Einstellungen von Wissenschaftlern. Was die Akzeptanz und Nützlichkeit einer wissenschaftlichen These ausmacht, ist vor allem die Frage, inwieweit sie angesichts der jeweils zur Verfügung stehenden theoretischen und technologischen Mittel objektive Möglichkeiten für zukünftige Forschungen oder praktische Anwendungen bietet, das heißt bis zu welchem Grade sie in der Zukunft Forschungs- oder Anwendungsperspektiven eröffnet (Chalmers, 1999, Kap. 11). Die Soziologin Karin Knorr-Cetina (1984, S. 31) äußert sich zu diesem Thema in ähnlicher Weise:

> „Wo aber finden wir den Prozeß der Beurteilung von Erkenntnisansprüchen, wenn nicht in umfassendem Ausmaß im *Labor selbst*? ... Was ist der Prozeß der Wissensakzeptierung, wenn nicht ein Prozeß *selektiver Inkorporation* früherer Resultate in die laufende Forschungsproduktion? Ihn als Meinungsbildungsprozeß zu sehen, ruft eine Reihe irriger Vorstellungen hervor ... Womit wir in der Praxis konfrontiert sind, ist eben nicht ein Meinungsbildungsprozeß, sondern die *Erhärtung* bestimmter Erkenntnisansprüche durch kontinuierliche Eingliederung in die laufende Forschung."

Weber und seine Anhänger mögen nach 1975 weiterhin fest an die Existenz von Hochfluß-Gravitationswellen geglaubt haben und seine Gegner möglicherweise genauso fest daran, daß sie nicht existieren, doch das ist für das Schicksal von Webers These kaum von Belang. Als die Versuche, die Korrelation zwischen verschiedenen Detektoren zu belegen, scheiterten und Weber sich gezwungen sah, nicht nachprüfbare Hypothesen über Impulsprofile heranzuziehen, konnten seine Anhänger und er nichts mehr tun. Es gab keine objektiven Möglichkeiten, die sie hätten nutzen können, keine Möglichkeit, Webers Behauptung, durch Inkorporation in laufende Forschungen zu erhärten. Mit dieser „wissenschaftlichen" Erklärung für das Nachlassen des Interesses an Hochfluß-Gravitations-wellen erübrigt es sich, außerwissenschaftliche soziale oder politische Interessen heranzuziehen.

In zweierlei Hinsicht muß diese etwas konservative Antwort auf Collins' Herausforderung noch relativiert werden. Erstens ist Wissenschaft fehlbar, revidierbar und offen. Man könnte sich gewisse Entwicklungen vorstellen, durch die Webers Behauptungen wieder belegt werden könnten. Fortschritte in der Mikroelektronik etwa könnten den Nachweis der von Weber angenommenen ungewöhnlichen Impulsprofile ermöglichen und damit eine Anzahl von Möglichkeiten für praktische Untersuchungen eröffnen. Dieses wiederum könnte Theoretikern verschiedene Möglichkeiten für die Erklärung der nachgewiesenen Wellen eröffnen und Astronomen für die Suche nach unabhängigen Belegen für ihre Quelle. Solange dies jedoch nicht geschieht, wird Webers These kaum zu neuem Leben erweckt werden. Zweitens ist anzuerkennen, daß es in der Wissenschaft durchaus Fälle geben kann, die von sozialen und politischen, nicht im Interesse der Wissenschaft wirkenden Faktoren beeinflußt werden. Allerdings gehört Weber mit seinen Gravitationswellen, wie oben erwähnt, nicht zu diesen Fällen. Viele der hier aufgeworfenen Fragen, die typische Themen zeitgenössischer Wissenschaftssoziologie sind, werden in den folgenden Kapiteln ausführlicher behandelt.

Collins' Studie über Webers Versuche, Gravitationswellen nachzuweisen, veranschaulicht die Tatsache, daß die Gewinnung relevanter Versuchsdaten in der Wissenschaft sicherlich keine einfache Angelegenheit ist. Im Gegensatz zu Collins bin ich jedoch der Ansicht, daß die damit verbundenen Schwierigkeiten nicht immer unüberwindbar sind und daß objektive Versuchsergebnisse durchaus erzielt werden können und auch erzielt worden sind. Gleichzeitig haben derartige Versuchsergebnisse einen entscheidenden Einfluß auf unsere Bewertung wissenschaftlicher Erkenntnisansprüche. Hertz erbrachte überzeugende Beweise für die Existenz von Radiowellen, während Blondlot und Weber nicht in der Lage waren, adäquate Beweise für die Existenz von N-Strahlen beziehungsweise Hochfluß-Gravitationswellen zu erbringen. Diese Fälle lassen sich meiner Meinung nach durchaus hinlänglich im Hinblick auf das Ziel der Produktion wissenschaftlicher Erkenntnis erklären; es ist nicht notwendig, außerwissenschaftliche soziale oder politische Faktoren heranzuziehen, um die erkenntnistheoretische Bedeutung dieser Situationen zu verstehen. Das soll weder heißen, daß das Ziel der Wissenschaft unabhängig von anderen Zielsetzungen und Verfahrensweisen verfolgt werden kann, noch, daß das Ziel der Wissenschaft immer Vorrang vor anderen Zielsetzungen hat oder haben sollte. Diese Thematik wird in den restlichen Kapiteln dieses Buches behandelt.

6

Wissenschaft und Wissensschaftssoziologie

6.1 Soziologie und Wissenschaftskritik

Einer traditionellen Ansicht über Objektivität der Wissenschaft zufolge, ist der Wert einer wissenschaftlichen Theorie unabhängig von Klassen- oder Rassenzugehörigkeit, Geschlecht oder anderen Charakteristika von Individuen oder Gruppen, die sie vertreten. Wenn man nun Einflüsse solcher individuellen oder gruppenspezifischen Charakteristika als „gesellschaftlich-soziale" Einflüsse bezeichnet, dann kann man aus einer traditionellen Sichtweise heraus behaupten, daß das Heranziehen einer soziologischen Erklärung für die Entwicklung und Beurteilung von Wissenschaft ungeeignet ist. Viele zeitgenössische Soziologen bestreiten jedoch, daß Wissenschaft gegen die genannten soziologischen Erklärungen gefeit sei. Damit bringen sie gleichzeitig ihre Skepsis gegenüber der Objektivität und dem besonderen epistemologischen Status, die wissenschaftlichen Erkenntnissen in der Regel zugeschrieben werden, zum Ausdruck. Im folgenden sollen einige der vielen möglichen Beispiele für diesen Skeptizismus vorgestellt werden.

Nach David Bloor (1982, S. 283) werden wissenschaftliche Gesetze nicht aus wissenschaftsinternen Gründen heraus geschützt und etabliert, sondern „aufgrund ihrer angenommenen Nützlichkeit zu Zwecken der Rechtfertigung, Legitimation und sozialer Überzeugungsarbeit". David Turnbull dagegen (1984, S. 58) behauptet unter Berufung auf soziologische Studien, daß wissenschaftliche Erkenntnisse keine besonderen Merkmale besäßen und daß sie „Gegenstand derselben Determinanten und Einflüsse sind, wie andere Formen des Wissens". Aufgrund ihrer detaillierten Studie über die Arbeit in Forschungslaboratorien kamen B. Latour und S. Woolgar (1979, S. 237) zu dem Schluß, daß eine Unterscheidung zwischen Wissenschaft und Politik nicht sinnvoll sei. H. M. Collins und G. Cox (1976) verteidigen ausdrücklich eine extrem relativistische Haltung gegenüber der Wissenschaft, der zufolge zwischen den Strategien, mit Hilfe derer Marian Keech ihre Kontakte zu Außerirdischen zu beweisen versucht, und den in der Wissenschaft angewendeten Strategien kein wesentlicher Unterschied bestehe.

Um die Behauptungen dieser Skeptiker widerlegen zu können, muß zuerst genau untersucht werden, in welcher Hinsicht sich Wissenschaft soziologisch erklären läßt. In diesem Zusammenhang wird oft zwischen den sogenannten „kognitiven" und „nicht-kognitiven" Aspekten der Wissenschaft unterschieden. Zu den „nicht-kognitiven" Aspekten gehören zum Beispiel die sozialen Strukturen im Bereich der Wissenschaft, der Einfluß der Wissenschaft auf andere Aspekte der Gesellschaft und umgekehrt die gesellschaftlichen Einflüsse, die dazu führen, daß einige Wissenschaftszweige stärker gefördert werden als andere. Larry Laudan, ein Gegner der gegenwärtigen Strömungen in der Wissenssoziologie, gehört zu den Vertretern dieser Sichtweise. Er nennt folgende Beispiele für Fragestellungen, die eine soziologische Antwort erfordern: „Warum wurde eine bestimmte wissenschaftliche Gesellschaft oder Einrichtung gegründet? Warum verblaßte der Ruhm eines Wissenschaftlers? Warum entstand ein Labor ausgerechnet zu einer bestimmten Zeit und an einem bestimmten Ort? Warum stieg die Zahl der deutschen Wissenschaftler zwischen 1820 und 1860 so beträchtlich an?" (Laudan, 1977, S. 197). Nicht einmal die hartnäckigsten Verteidiger der Autonomie und Rationalität der Wissenschaft würden abstreiten, daß die Soziologie bei der Beantwortung solcher Fragen eine Rolle spielt. Die Existenz einer legitimen, nicht-kognitiven Wissenschaftssoziologie steht also außer Frage, obwohl gesagt werden muß, daß sie sich mit Themen befaßt, die heikler sind als die von Laudan angesprochenen. Wenn man nun auch solche Probleme wie die Auswirkungen der Wissenschaft auf die Umwelt, die Möglichkeiten der Gentechnologie, die wachsende Kluft zwischen Industrie- und Entwicklungsländern und die Folgen der Computerisierung für unser Leben in Betracht zieht, dann umfaßt die nicht-kognitive Wissenschaftssoziologie die brennendsten sozialen, politischen und ethischen Probleme unserer Zeit.

Unabhängig davon, wie die Bedeutung der nicht-kognitiven Wissenschaftssoziologie bewertet werden mag, ist unbestritten, daß sie einen legitimen Geltungsbereich besitzt. Erst wenn man sich den kognitiven Aspekten der Wissenschaft zuwendet, kommt man zum Kern der Debatte zwischen den traditionellen Verfechtern der Autonomie und Rationalität der Wissenschaft und einigen zeitgenössischen Soziologen. David Bloor beginnt sein Buch „Knowledge and Social Imagery" (1976, S. 1) mit der Frage: „Kann die Wissenspsychologie den Inhalt und die Natur wissenschaftlicher Erkenntnis untersuchen und erklären?" und erläutert sein „strong programme" der Wissenssoziologie, das eine positive Antwort auf diese Frage geben soll. Seiner Meinung nach fehlt es den Soziologen, die es vermeiden, eine soziologische Erklärung des Gehalts der Wissenschaft zu geben, schlicht am nötigen Mut. Bloor und einige gleichgesinnte Soziologen haben dagegen sehr wohl den Mut gehabt, den kognitiven Gehalt der Wissenschaft soziologisch zu erklären. Ihre Bemühungen werden in der Regel von Traditionalisten als Bedrohung des epistemologischen Status der Wissenschaft betrachtet (s. auch Mulkay, 1979, S. 60ff.; Mackenzie, 1981, S. 2ff.).

Es muß jedoch noch eine weitere Unterscheidung berücksichtigt werden, bevor die Thematik eindeutig abgegrenzt werden kann. Es geht, kurz gesagt, um die Unterscheidung zwischen „guter" und „schlechter" Wissenschaft. Traditionelle Gegner der Wissenssoziologie bestreiten einerseits, daß sich soziologische Argumente zur Erklärung des kognitiven Gehalts angemessener beziehungsweise „guter" Wissenschaft eignen, sind aber andererseits durchaus bereit zu tolerieren, daß bei der Erklärung abweichender oder „schlechter" Wissenschaft externe und gesellschaftlich-soziale Ursachen herangezogen werden. So werden Traditionalisten nur allzu bereitwillig akzeptieren, daß die Lyssenko-Affäre in der Sowjetunion oder der Mißbrauch der Physik im nationalsozialistischen Deutschland gesellschaftliche Ursachen hatten. Sie werden jedoch nicht zugeben, daß es angemessen sei, soziologische Erklärungen zum Beispiel für die Verdrängung der klassischen Mechanik durch die Quantenmechanik zu suchen. Die Bereitschaft der Traditionalisten, eine soziologische Erklärung für inadäquate Wissenschaft gelten zu lassen, zeigt sich darin, daß sie anthropologische Deutungen der fremdartigen Wissenssysteme von Naturvölkern, wie zum Beispiel des Glaubens der Azande an Hexerei, weitgehend akzeptieren können, obwohl in diesen Erklärungen auf die sozialen Verhältnisse innerhalb des Stammes Bezug genommen wird.

Traditionalisten und die radikaleren zeitgenössischen Wissenssoziologen sind also geteilter Meinung darüber, ob sich der kognitive Gehalt unserer „besten" Wissenschaft soziologisch erklären läßt oder nicht. In den verbleibenden Abschnitten dieses Kapitels soll der Inhalt dieser Debatte kritisch betrachtet werden.

6.2 Kritik der Kritiker

Bemühungen von Soziologen, die Notwendigkeit eines soziologischen Erklärungsansatzes für den kognitiven Gehalt der Wissenschaft nachzuweisen und so traditionelle Ansichten über den besonderen epistemologischen Status der Wissenschaft zu untergraben, werden häufig dadurch zunichte gemacht, daß von einer unangemessenen, überholten und von den Positivisten beeinflußten Darstellung dieser traditionellen Ansichten ausgegangen wird. Mulkay (1979) ebnet seiner Version der Wissenschaftssoziologie den Weg, indem er die von ihm so genannte „Standardhaltung" der Wissenschaft ablehnt. David Bloor (1976) stellt seine Ansicht als eine Alternative zu einigen recht extremen Formen des Rationalismus und Empirismus dar, während Barry Barnes (1977) seine Position als Gegenpol zum „kontemplativen Ansatz" entwickelt, der eine auf Analogien mit Bildern basierende extreme Form der Korrespondenztheorie von Wahrheit beinhaltet. Ich bin durchaus bereit, mich den Soziologen anzuschließen, was die Ablehnung solcher Ansichten betrifft. Aber auch Karl Popper, den die oben erwähnten Wissenssoziologen wohl kaum als Gleichgesinnten betrachten würden, lehnt diese Ansichten ab. Es gibt weitaus differenziertere Versuche, den besonderen Status der Wissenschaft zu verteidigen, als diejenigen, die Soziologen üblicherweise anzugreifen pflegen.

Ein gutes Beispiel für die geschilderten Argumentationen ist die Art und Weise, wie Mulkay (1979) sein Programm auf der Kritik an der „Standardhaltung" aufbaut. Nach Mulkay umfaßt die „Standardhaltung" folgende Elemente: Die Wissenschaft ist in der Lage, durch die Formulierung von universellen Naturgesetzen Wahrheiten über die Welt auszusagen. Zur Bestätigung dieser Gesetze kann man sich auf Aussagen über Tatsachen berufen, die auf sorgfältiger und unvoreingenommener Beobachtung beruhen. Einerseits können einige theoretische Komponenten der Wissenschaft über das, was sich durch Beobachtung belegen läßt, hinausgehen, andererseits kann eine klare Trennung zwischen theoretischen und auf Beobachtung basierenden Schlußfolgerungen gezogen werden. Im zuletzt genannten Bereich ist ein kumulativer Erkenntniszuwachs festzustellen. Die Beurteilungskriterien, nach denen Erkenntnis beurteilt wird, sind universell und ahistorisch. Wissenschaftliche Schlußfolgerungen werden demnach eher von den Gegebenheiten der physischen als der gesellschaftlich-sozialen Welt bestimmt.

Mulkay widmet das zweite Kapitel seines Buches der Widerlegung dieser „Standardhaltung". Er beruft sich auf ein Argument von Hanson (1969), um unmißverständlich hervorzuheben, daß die Behauptung, die Gegebenheiten der physischen Welt würden durch universelle Gesetze bestimmt, sich nicht beweisen läßt, und daß die Argumente, die in der Regel dafür ins Feld geführt werden, zirkulär sind. Er zeigt die verschiedenen Gründe dafür auf, daß die traditionelle Unterscheidung von Beobachtung und Theorie unangemessen ist, und erläutert, wie empirische Evidenz auch revidierbar ist. Mit Nachdruck verficht er die Ansicht, daß Bewertungskriterien für Theorien nicht universell, sondern kontextgebunden und veränderlich sind. Soweit diese Kriterien durch gesellschaftlich-soziale Faktoren bestimmt sind, werden die Schlußfolgerungen der Wissenschaft eben nicht nur vom Wesen der physischen Welt beeinflußt.

Mulkays Ablehnung der von ihm so genannten „Standardhaltung" ist sicherlich berechtigt, die Bezeichnung „Standard" ist jedoch nicht zutreffend, da kaum ein zeitgenössischer Wissenschaftsphilosoph, der den epistemologischen Status der Wissenschaft verteidigen will, nicht mit Mulkay übereinstimmen würde. So lassen sich Mulkays Gegenargumente beispielsweise nicht nur größtenteils mit Poppers Wissenschaftsphilosophie vereinbaren, sondern spielen darin sogar eine herausragende Rolle. Die Tatsache, daß Popper der Meinung ist, wissenschaftliche Theorien könnten nie endgültig bewiesen werden und behielten stets hypothetischen Charakter, braucht wohl kaum eigens belegt zu werden. Ferner verwirft er die Vorstellung von einer sicheren Basis für die Wissenschaft und betont, daß Beobachtungsaussagen theoriebeladen und revidierbar sind (Popper, 1984, Kap. 5). Er betont, daß es sich bei Beobachtungen und Experimenten eigentlich um aktive Eingriffe in die Natur, nicht um deren passive Rezeption handelt (Popper, 1994, Anhang 1), und hebt hervor, daß kontextgebundene Entscheidungen großen Einfluß darauf haben, ob Beobachtungen und Versuchsergebnisse akzeptiert oder abgelehnt werden (Popper, 1994, S. 69ff.). Ferner stellt er fest, daß Wissen unter dem Einfluß gesellschaftlich-sozialer Faktoren und durch Modifikationen bereits vorhandenen Wissens entsteht und nicht in unmittelbarer Auseinandersetzung mit der physischen Welt gewonnen wird (Popper, 1984, S. 72). Gleichzeitig könnte man Popper mit gewissem Recht auch als Vertreter der „Standardhaltung" gegenüber der Wissenschaft betrachten, da er eine Korrespondenztheorie der Wahrheit vertritt. Deutet man ferner sein Falsifizierbarkeitskriterium als Festlegung einer eindeutigen Abgrenzung zwischen Wissenschaft und Nicht- beziehungsweise Pseudowissenschaft, könnte er dahingehend interpretiert werden, daß er die Kontextgebundenheit einiger wissenschaftlicher Maßstäbe leugnet. Man muß sich jedoch nur einem weiteren Philosophen zuwenden, der keine Sympathie für die Wissenssoziologie hegte, nämlich Imre Lakatos, der für sich in Anspruch nahm, die Ideen Poppers weiterentwickelt zu haben. In ihm findet man einen Denker, der auf eine Korrespondenztheorie der Wahrheit verzichtet (Hacking, 1996, Kap. 8) und herausarbeitet, wie sich die wissenschaftlichen Maßstäbe im Laufe der Geschichte gewandelt haben (Lakatos, 1978b). Popper und Lakatos sind typische Vertreter einer bedeutenden Strömung in der zeitgenössischen Philosophie, die Mulkays „Standardhaltung" zwar ablehnt und sich jedoch gleichzeitig um eine angemessenere Verteidigung des besonderen epistemologischen Status der Wissenschaft bemüht. Eine Infragestellung dieses besonderen epistemologischen Status erfordert mehr als eine Widerlegung der in Mißkredit geratenen traditionellen Haltungen.

Ein weiteres Argument, das in den Schriften der Wissenschaftssoziologen eine besondere Rolle spielt und welches das unangemessene Bild, das sie von ihren Gegnern zeichnen, verrät, lautet folgendermaßen (siehe zum Beispiel Barnes & Bloor, 1982, S. 23; Bloor, 1982): Wissenschaftliche Theorien werden durch empirische Belege nicht vollständig determiniert. Aus *diesem* Grund kommen außerwissenschaftliche, gesellschaftlich-soziale Faktoren ins Spiel, wenn unter den möglicherweise zahlreichen, mit empirischen Belegen vereinbaren Theorien eine ausgewählt wird. Ein besonders deutliches Beispiel für diese Argumentation findet sich in einem interessanten Aufsatz von David Bloor (1982), in dem er versucht, die These von Durkheim und Mauss, daß „die Klassifikation der Dinge die Klassifikation der Menschen widerspiegelt", wiederaufzunehmen und auf die Wissenschaft anzuwenden. Unter Verwendung von Mary Hesses Vernetzungsmodell beschreibt Bloor die komplexe Art und Weise, in der wissenschaftliche Aussagen miteinander und mit der Welt in Verbindung stehen. Hesse bezeichnet die Art und Weise, in der wissenschaftliche Aussagen durch das empirische Beweismaterial bestimmt sind, als „Korrespondenzbedingungen" und andere Einschränkungen als „Kohärenzbedingungen". Bloor (1982, S. 283) behauptet nun, daß gesellschaftlich-soziale Beziehungen in der Wissenschaft innerhalb der Kohärenzbedingungen anzusiedeln sind. Er nimmt hier einige Gedanken aus dem Werk der Anthropologin Mary Douglas auf und argumentiert, daß „bestimmte Gesetze geschützt und beibehalten werden, aufgrund ihrer angenommenen Nützlichkeit zum Zwecke der Rechtfertigung, Legitimation und Kontrolle".

Dieser Schritt von der unvollständigen Determination von Theorien durch empirische Belege zum Konstatieren von Interessen jenseits wissenschaftlicher

Erkenntnis, ist viel zu voreilig und gesteht den traditionellen Ansätzen in der Wissenschaft, gegen die sich die Soziologen wenden, viel zu viel zu. Die logische These, daß es eine unendliche Anzahl universeller Aussagen gibt, die mit einer gegebenen endlichen Zahl von Beobachtungsaussagen kompatibel ist, veranlaßt traditionelle empiristische Wissenschaftsphilosophen zu der Schlußfolgerung, daß es eine unendliche Anzahl wissenschaftlicher Theorien gibt, die mit den gegebenen empirischen Belegen vereinbar ist. Diese Behauptung steht natürlich in krassem Widerspruch zur wissenschaftlichen Praxis, denn in der Regel haben Wissenschaftler die größte Mühe, überhaupt eine brauchbare Theorie zu finden, die sich mit einigen problematischen Belegen vereinbaren läßt. Das Argument der unvollständigen Determination berücksichtigt das Wachstum der Wissenschaft in unzureichendem Maße. Neue Erkenntnisse werden in der Auseinandersetzung mit Problemen gewonnen, die sich aus den bisherigen Erkenntnissen ergeben haben. Wenn man neuartige Theorien darlegen will, muß man notwendigerweise auf bereits vorhandene Konzepte zurückgreifen oder diese modifizieren und erweitern, indem man Analogien zu anderen bereits vorhandenen Konzepten herstellt. Denn wenn neue Theorien von irgendeinem Nutzen sein sollen, so müssen sie gangbare Wege zu neuen Forschungsansätzen eröffnen. Versuche, Vorstellungen dieser Art anhand von Kriterien wie Einfachheit (Popper, 1994, Kap. 7), Kohärenz und Progressivität (Lakatos, 1974) oder Fruchtbarkeitsgrad (Chalmers, 1999, Kap. 11) zu analysieren, deuten darauf hin, daß unvollständige Determination nicht zwangsläufig die Einführung außerwissenschaftlicher, gesellschaftlichsozialer Faktoren in die Wissenschaft mit sich bringen muß.

Diese schon in den vorangegangenen Kapiteln dieses Buches vertretene Position schließt eine Sichtweise der Wissenschaft ein, nach der in der wissenschaftlichen Praxis gesellschaftlich-soziale Elemente eine grundlegende Rolle spielen. Beobachtungsberichte und Versuchsergebnisse sind menschliche, gesellschaftlich-soziale Produkte, die durch Argumentieren und Experimentieren gewonnen werden. Jedoch kann ihre Anerkennung beziehungsweise, wenn nötig, ihre Widerlegung oder Änderung im allgemeinen im Hinblick auf das Ziel der Wissenschaft und ohne Bezugnahme auf darüber hinausgehende gesellschaftlichsoziale Faktoren verstanden werden. Im vorangegangenen Kapitel sollte deutlich werden, daß dies auf die Kontroverse um den Nachweis von Gravitationswellen zutrifft und daß Collins' radikalere soziologische Deutung dieser Episode nicht haltbar ist. Solange wissenschaftliche Ergebnisse nicht im Sinne einer unmittelbaren Konfrontation „durch die physische Welt" determiniert werden, wie es die Empiristen gerne hätten, sind Experimente dazu da, die physische Welt in die Lage zu versetzen, eine entscheidende Rolle bei der Anerkennung oder Widerlegung dieser Ergebnisse zu spielen. Ich habe vor allem in Kapitel 2 argumentiert, daß die Methoden und Maßstäbe der Wissenschaft historisch kontingente, gesellschaftlich-soziale Produkte sind, die sich ändern können. Ich versuchte aber auch, den extrem relativistischen Schlüssen, die man daraus ziehen könnte, mit dem Hinweis darauf zuvorzukommen, wie solche Veränderungen in bezug auf das Ziel der Wissenschaft verstanden werden können – dieser Gesichtspunkt wurde am

Beispiel der Einführung vom Teleskop in die Astronomie durch Galileo Galilei bereits erläutert. Wenn Wissenschaftssoziologen mit ihrem Argument der gesellschaftlich-sozialen Determination des kognitiven Gehalts der Wissenschaft begründete Skepsis gegenüber der Objektivität und dem besonderen epistemologischen Status, die der Wissenschaft typischerweise zugeschrieben werden, hervorrufen wollen, so müssen sie mehr tun, als extreme und weithin überholte Wissenschaftsphilosophien zu bekämpfen.

6.3 Gesellschaftlich Ursprünge von Wissenschaft

Wenn die Aussage bewertet werden soll, daß sich Gehalt und Wesen der wissenschaftlichen Erkenntnis soziologisch erklären lassen, dann sollte man sich auch darüber im klaren sein, was erklärt werden soll und worauf eine Erklärung hinausläuft. Eine mögliche Deutung der Aussage besteht darin, die Erklärung wissenschaftlicher Erkenntnis unter anderem als historischen Prozeß dessen, wie diese Erkenntnis gewonnen wurde, zu verstehen. Falls die Aussage der Soziologen so ausgelegt wird, kann wissenschaftliche Erkenntnis meines Erachtens durchaus soziologisch erklärt werden. Nicht selten haben in der Wissenschaft mit Erfolg angewandte Konzepte und Verfahren ihren Ursprung in der gesellschaftlich-sozialen Welt und nicht in der wissenschaftlichen Praxis im engeren Sinne. Ein soziologischer Ansatz in bezug auf den Ursprung wissenschaftlicher Erkenntnis ist daher in vielen Fällen angemessen.

Ein gutes Beispiel hierfür ist der Weg, auf dem Darwin zu seiner Evolutionstheorie gelangte. Darwins Theorie der natürlichen Auslese wurde stark von Malthus' Idee beeinflußt, daß der Bevölkerungszahl in einem Gebiet natürliche Grenzen gesetzt sind, da bei unbegrenztem Bevölkerungswachstum ab einem gewissen Punkt die Nahrungsmittelversorgung aller nicht mehr gewährleistet werden kann. Mit diesen Gedanken wollte Malthus einen Beitrag zu den Diskussionen über die sozialen Probleme jener Zeit, unter anderen das Armutsproblem, leisten. Darwin nutzte bei seiner Argumentation für die Mutation der Arten und für die Art und Weise dieser Umwandlung seine Kenntnisse der Methoden von professionellen Züchtern. Zweifellos darf sich eine Darstellung der Entwicklung der Evolutionstheorie von ihren Anfängen bis hin zu Darwins ausgereifter Theorie und noch darüber hinaus nicht nur im Rahmen des wissenschaftlichen Diskurses bewegen, sondern muß auch allgemeinere, gesellschaftlich-soziale Faktoren mit einbeziehen (Young, 1969; 1971).

Ein zweites Beispiel kommt aus dem Bereich der Physik, nämlich die von James Clark Maxwell im 19. Jahrhundert entwickelte kinetische Gastheorie. Die statistischen Methoden, derer sich Maxwell bediente, um die makroskopischen Eigenschaften der Gase aus der freien und regellosen Bewegung ihrer Moleküle herzuleiten, lehnten sich an die Methoden an, die von Sozialtheoretikern entwickelt worden waren, um Regelmäßigkeiten bei sozialen Phänomenen wie der Geburts- oder Kriminalitätsrate erklären zu können (Porter, 1981).

Wenn eine Erklärung wissenschaftlicher Erkenntnis darin besteht, einen vollständigen und geeigneten Ansatz zu liefern, wie diese Erkenntnis entsteht, kann man ohne weiteres zugestehen, daß dabei eine Reihe von Faktoren, die üblicherweise von Soziologen betrachtet werden, relevant sind. Demzufolge kann man hier von einer legitimen Rolle einer Soziologie der wissenschaftlichen Erkenntnis sprechen. Man kann jedoch auch eine andere „Erklärung" für wissenschaftliche Erkenntnis finden. Wir können zu erklären und zu bewerten versuchen, wie und inwieweit wissenschaftliche Erkenntnis als solche funktioniert. Auch kann untersucht werden, in welchem Maße sie dem Ziel der Wissenschaft dient. So können wir beim obengenannten Darwin-Beispiel genau festzustellen versuchen, welchen Beitrag die in Darwins Werk vorliegenden Ansätze der Selektion und Evolution hierzu leisten. In diesem Zusammenhang können Fragen darüber aufgeworfen werden, ob der Ansatz in sich logisch und mit den jeweiligen empirischen Belegen vereinbar ist, und er kann in dieser Hinsicht mit konkurrierenden Ansätzen verglichen werden. Fragen dieser Art sind nicht nur legitim, sondern sogar von entscheidender Bedeutung, wenn wir am epistemologischen Status von Darwins Theorie interessiert sind. Noch wichtiger ist jedoch die Tatsache, daß die Antworten auf diese Fragen von Betrachtungen über die sozialen Ursprünge von Darwins Ideen unabhängig sind. In der Tat ist Darwins ursprüngliche Theorie vom epistemologischen Standpunkt aus betrachtet durchaus nicht über jede Kritik erhaben. Insbesondere geht aus Darwins Werken nicht eindeutig genug hervor, was es nun eigentlich genau mit dem Mechanismus der Selektion auf sich hat und welche Evidenz es für diesen Mechanismus gibt. Dieser Punkt ist besonders wichtig, da zu Darwins Zeit die Tatsache, *daß* es eine Evolution gibt und schon immer gegeben hat, allgemein anerkannt war. Die Geister schieden sich jedoch an der Frage, *wie* der konkrete Ansatz in bezug auf den Mechanismus der Evolution aussehen müßte (Young, 1971).

In Kapitel 3 ist bereits der Versuch einer vorsichtigen Formulierung des Zieles von moderner Wissenschaft unternommen worden. Ich behaupte nunmehr, daß es nicht nur sinnvoll ist, Darwins Theorie von diesem Standpunkt aus zu deuten und zu bewerten, sondern sogar, daß eben dieses Ziel in der biologischen Praxis jener Zeit anerkannt und angestrebt wurde. Es war das erklärte Ziel der Evolutionstheoretiker jener Zeit, einen geeigneten Erklärungsansatz zum Mechanismus der Evolution zu liefern, obwohl sie andererseits auch in anderen Bereichen, wie zum Beispiel der Religion und der Politik, tätig waren und dabei andere Ziele verfolgten. Fragen, inwieweit Darwins Theorie einen geeigneten Erklärungsansatz für den Mechanismus der Evolution darstellt, sind von Fragen nach ihrem Ursprung und danach, wie sie im Zusammenhang mit verschiedenen Ideologien eingesetzt wurde, zu trennen. Wollen nun Wissenssoziologen behaupten, daß eine Erklärung der Erkenntnisfunktion einer Theorie und der Frage, inwieweit diese zum Ziel der Wissenschaft beiträgt, auch gesellschaftlich-soziale Faktoren und nicht nur wissenschaftsinterne beinhalten muß, so muß dies zur Diskussion gestellt werden.

Der hier vertretene Standpunkt kann in diesem Zusammenhang als eine Version der traditionellen Unterscheidung zwischen dem sogenannten Entdeckungsmodus und dem Rechtfertigungsmodus aufgefaßt werden. Dieser Unterscheidung zufolge erfordert die Frage, wie es überhaupt dazu kommt, daß eine Theorie vorgeschlagen wird, eine historische Antwort, während die Frage, wie diese Theorie als geeignete Erkenntnis zu rechtfertigen ist, von ganz anderer Art ist und eine epistemologische Erklärung verlangt. Allerdings sind dabei eine Reihe von Einschränkungen zu berücksichtigen. Erstens soll hier der Rechtfertigungsmodus auf das Ziel der Wissenschaft beschränkt werden und sich nicht auf eine bestimmte Definition von wissenschaftlichen Methoden oder Rationalität beziehen. Zweitens sind, wie Lakatos und seine Anhänger betonen (Musgrave, 1974b; Nickles, 1987), noch einige historische Fragen für den Rechtfertigungsmodus relevant. Dadurch, daß eine Theorie einen Fortschritt gegenüber der bisherigen Theorie, die sie herausfordert, darstellen muß, und dadurch, daß in diesem Zusammenhang neuartige Voraussagen eine große Rolle spielen, wird ein historisches Element in den Bereich der Rechtfertigung eingeführt. Drittens sollte die Aussage, daß das Ziel der Wissenschaft und entsprechende epistemologische Fragen von anderen Zielen *unterschieden* werden können, nicht so ausgelegt werden, als könnte man die Produktion wissenschaftlicher Erkenntnis von anderen Aktivitäten *trennen*. Dieses Thema wird in Kapitel 8 noch genauer ausgeführt. Viertens sollte die Unterscheidung zwischen Fragen nach dem Ursprung und Fragen nach dem wissenschaftlichen Wert nicht als eine Abwertung der Beschäftigung mit dem Erstgenannten betrachtet werden. Die Art und Weise, wie es zu wissenschaftlichen Innovationen kommen kann, und die Art und Weise, wie innerhalb eines bestimmten Wissenschaftszweiges durch Anstöße von außen Fortschritte möglich werden, haben entscheidende Folgen beispielsweise für die institutionelle Organisation von Wissenschaft und für die wissenschaftliche Ausbildung.

6.4 Die Überbetonung individueller Überzeugungen

Häufig geht man bei Diskussionen zwischen Soziologen, die sich mit der Thematik wissenschaftlicher Erkenntnis befassen, und ihren Gegnern davon aus, daß in erster Linie die Meinungen der Wissenschaftler erklärt werden müssen. So schreibt zum Beispiel Laudan (1981, S. 173), daß die Soziologen, gegen die er sich wendet, behaupten, daß sie „einen soziologischen Erklärungsbeitrag dazu leisten können, warum Wissenschaftler so gut wie allen Auffassungen über die Welt, die sie entwickeln, Glauben schenken".

Bereits an anderer Stelle wurde dargelegt (Chalmers, 1999, Kap.10 und 11), warum es absolut unangemessen ist, sich auf individuelle Überzeugungen zu konzentrieren, wenn man das Wesen der Wissenschaft und ihres Fortschritts verstehen will. Man kann wohl kaum beurteilen, inwieweit Wissenschaftler von den Theorien, an denen sie arbeiten, auch wirklich überzeugt sind. Wenn es darum geht, den wissenschaftlichen Charakter ihrer Arbeit zu beschreiben und zu bewerten, ist dies auch unerheblich. Es entzieht sich meiner Kenntnis, in welchem Ausmaß Webers Überzeugung von der Existenz von Hochfluß-Gravitationswellen durch die im vorhergehenden Kapitel beschriebenen Forschungsergebnisse beeinflußt wurde. Meine Beschreibung und Bewertung dieser Episode hängt von den aufgestellten Behauptungen, den vorgebrachten Argumenten und durchgeführten Experimenten ab, nicht jedoch von Betrachtungen der individuellen Überzeugungen der beteiligten Wissenschaftler. Häufig befassen sich Wissenschaftler mit Theorien, von denen sie ganz und gar nicht überzeugt sind, um sie in Mißkredit zu bringen. Dabei leisten sie gelegentlich einen Beitrag zur Entwicklung eben dieser Theorien. Beispielsweise lieferte Poisson im 19. Jahrhundert ungewollt einen Beweis für die Richtigkeit von Fresnels Wellentheorie des Lichts. Poisson versuchte, diese Theorie in Mißkredit zu bringen, indem er aufzeigte, daß daraus der „absurde" Schluß gezogen werden kann, daß es einen hellen Fleck im Zentrum der Schattenseite einer angestrahlten lichtundurchlässigen Scheibe geben müßte. Er erreichte jedoch das genaue Gegenteil, da der helle Fleck in entsprechenden Experimenten tatsächlich beobachtet wurde. Was einige umstrittene Aspekte in der modernen Quantenmechanik betrifft, so kann ich nicht beurteilen, was es heißt, davon überzeugt zu sein, ich bin mir jedoch durchaus darüber im klaren, was es bedeutet, die Quantenmechanik weiterzuentwickeln, sie in vielerlei Hinsicht mit der klassischen Mechanik zu vergleichen und ihre Auswirkungen im Experiment zu überprüfen.

Wie unangebracht es ist, sich auf die individuelle Überzeugungen von Wissenschaftlern zu konzentrieren, wenn man bemüht ist, „Wissenschaft" zu charakterisieren, hat auch die zeitgenössische Wissenschaftssoziologin Karin Knorr-Cetina gezeigt. Sie kommt aufgrund der Ergebnisse ihrer Untersuchungen über die Arbeit in Forschungslaboratorien zu dem Schluß, daß es unangebracht sei, die Entwicklung von Wissenschaft als Meinungsbildungsprozeß unter Wissenschaftlern zu beschreiben. Sie vertritt, wie bereits am Ende des vorangegangenen Kapitels erwähnt, die Ansicht, daß Forschungsergebnisse nicht dadurch anerkannt werden, daß sich Wissenschaftler von ihrer Richtigkeit überzeugen lassen, sondern dadurch, daß sie „selektiv ... in die laufende Forschungsproduktion" inkorporiert werden. Den „Prozeß der Wissensakzeptierung ... als Meinungsbildungsprozeß zu sehen, ruft eine Reihe irriger Vorstellungen hervor" (Knorr-Cetina, 1984, 30f.).

Solange wir fortfahren, wissenschaftliche Erkenntnis mit den individuellen Überzeugungen von Wissenschaftlern gleichzusetzen, müssen wir uns zwangsläufig immer wieder aufs Neue mit der alten Frage auseinandersetzen, inwieweit sich solche Überzeugungen begründen lassen. Laut der traditionellen Sichtweise sind individuelle Überzeugungen insoweit rational, als man sich ihnen aus guten Gründen anschließt, und insofern irrational, als sie durch psychologische und soziologische Ursachen bestimmt sind. Laudan (1977, S. 198) spricht sich bei seiner Kritik an der Wissenschaftssoziologie für folgende Version dieser Unterscheidung aus:

„Der intellektuelle Wissenschaftshistoriker wird grundsätzlich zur Erklärung, warum jemand einer bestimmten Theorie gefolgt ist, die Argumente und die Evidenz des Für und Wider der Theorie sowie ihrer Widersacher anführen. Der Wissenschaftssoziologe hingegen wird zur Erklärung, warum jemand einer Theorie gefolgt ist, die sozialen, ökonomischen, psychologischen und institutionellen Rahmenbedingungen heranziehen, in denen sich jemand befand. Beide versuchen, dasselbe Problem zu lösen ... dennoch sind ihre Lösungswege derart unterschiedlich, daß sie nahezu inkommensurabel sind."

Nach Laudan sollte der kognitive Gehalt angemessener Wissenschaft mit rationalen Mitteln erklärt werden, und soziologische Ursachen müssen nur dann in Betracht gezogen werden, wenn die Wissenschaft auf Irrwege gerät. Die Geschichte der gesellschaftlichen und sozialen Entwicklung beziehungsweise die „externe" Geschichte der Wissenschaft ist demnach ihrer intellektuellen, „internen" Geschichte untergeordnet (Laudan, 1977, S. 208).

Laudans Gleichsetzung einer wissenschaftlichen Theorie mit der individuellen Überzeugung eines bestimmten Akteurs in deren Geschichte ist jedoch meiner Ansicht nach kein geeigneter Ausgangspunkt für eine Verteidigung seiner Theorie. Wie bereits gesagt, kann man die eigentlichen individuellen Überzeugungen von Wissenschaftlern nicht nachvollziehen, und – abgesehen davon – bin ich sicher, daß diese von einer Vielzahl psychologischer und soziologischer Faktoren ebenso wie von Argumenten und Vernunftgründen abhängen. Sogar die Überzeugung einer Person, daß 2 + 2 = 4 ist (eines von Laudans wichtigsten Beispielen für eine rationale Überzeugung), wird durch die Art, wie man mit dieser Tatsache vertraut gemacht wurde, und durch den Spott, den man erntet, sobald man sie zu widerlegen versucht, beeinflußt. Ich halte Laudans Annahme, William Charleton habe die mechanistische Philosophie ausschließlich aus rationalen Gründen akzeptiert, für alles andere als einleuchtend.

Es gibt ein großes Spektrum möglicher soziologischer Untersuchungen der individuellen Überzeugungen von Wissenschaftlern und ihrem Zusammenhang mit Aspekten wie zum Beispiel deren soziale Herkunft. Akzeptiert man jedoch eine Unterscheidung zwischen wissenschaftlicher Erkenntnis und individueller Meinung, so geben derartige Untersuchungen keine soziologischen Erklärungen für den kognitiven Gehalt der Wissenschaft. Das Problem der Beziehung zwischen den individuellen Überzeugungen von Wissenschaftlern und dem kognitiven Gehalt der wissenschaftlichen Erkenntnisse, die sie gewinnen und weiterentwickeln, bleibt jedoch bestehen. Diese Position wird von Knorr-Cetina (1983, S. 116) unterstützt, wenn sie schreibt:

"Selbst wenn wir überzeugend Kenntnis davon erhalten, was bestimmte Personen oder Gruppen über bestimmte Sachverhalte glauben, haben wir weder eine Antwort auf die Frage, ob und in welcher Weise diese

Sachverhalte soziale Faktoren beinhalten, noch auf die Frage, ob und in welcher Weise soziale Faktoren das Fortbestehen und die Akzeptanz von Erkenntnis beeinflussen. Mit anderen Worten, die epistemologische Frage, in welcher Weise sich das, was wir Erkenntnis nennen, bildet und akzeptiert wird, wird damit nicht angesprochen ..."

Die Diskussion in diesem Kapitel hat uns zu dem Schluß geführt, daß eine soziologische Analyse der Ursprünge wissenschaftlicher Erkenntnis, der individuellen Überzeugungen von Wissenschaftlern und der nicht-kognitiven Aspekte der Wissenschaft durchaus sinnvoll, wichtig und alles andere als trivial ist. Jedoch geben sie keine zufriedenstellende soziologische Erklärung des kognitiven Gehalts der Wissenschaft in dem Sinne, daß sie aufzeigen, wie einzelne wissenschaftliche Erkenntnisse als Erkenntnis im allgemeinen funktionieren. Im folgenden soll auf die traditionelle Sichtweise eingegangen werden, der zufolge sich „schlechte", nicht jedoch „gute" Wissenschaft soziologisch erklären läßt.

6.5 Soziologische Erklärung „schlechter" Wissenschaft

Es wird allgemein behauptet, ein soziologischer Ansatz bezüglich des kognitiven Gehalts von Wissenschaft sei nur in den Fällen angebracht, wo die Wissenschaft auf Irrwege geraten ist. Demnach läßt sich Wissenschaft, dort wo sie sich erfolgreich weiterentwickelt, durch eine ihr eigene, „rationale" Dynamik begründen, so daß eine soziologische Erklärung unter Berufung auf externe Einflüsse ebenso unnötig wie unangebracht ist. Sowohl Laudan als auch Lakatos haben sich in letzter Zeit für bestimmte Versionen dieser These ausgesprochen. Entsprechend dem Zuerstgenannten „mag die Wissenschaftssoziologie geeignet sein, Überzeugungen zu erklären, wenn – und nur dann – diese nicht durch ihre rationalen Verdienste erklärt werden können", so daß „die Anwendung von Wissenschaftssoziologie auf historische Sachverhalte die Ergebnisse der Anwendung geschichtswissenschaftlicher Methoden auf die jeweiligen Sachverhalte abwarten muß" (Laudan 1977, S. 202 und 208). Nach Lakatos wird „der rationale Aspekt des Wachstums der Wissenschaften ... aber von der gewählten Forschungslogik voll und ganz erklärt". Externe Faktoren müßten nur dann noch zusätzlich herangezogen werden, wenn es um eine Erklärung für „die verbleibenden nicht-rationalen Faktoren" geht (Lakatos, 1982b, S. 124).

David Bloor ist nur einer von mehreren zeitgenössischen Soziologen, die sich heftig gegen eine derartige, ihrer Meinung nach ungerechtfertigte Beschränkung des Geltungsbereiches soziologischer Erklärungen wenden. Bloor (1976, S. 6f.) verwendet, wenn er die Haltung seiner Gegner beschreibt, Formulierungen wie „es gibt nichts, was Menschen dazu veranlaßt, sich richtig zu verhalten, durchaus jedoch etwas, das sie dazu veranlaßt, sich falsch zu verhalten", so daß „rationale Aspekte von Wissenschaft für sich selbst voranbringend und selbsterklärend gehalten werden; empirische oder soziologische Erklärungen werden lediglich auf das Irrationale bezogen". Bloors Auseinandersetzung mit dem Thema erscheint als nicht hilfreich, da er eine allzu extreme, unbarmherzige und häufig ungerechtfertigte Darstellung der Haltung seiner Gegner gibt. Im folgenden soll versucht werden, eine Version der traditionellen Sichtweise vorzulegen, der zufolge bestimmte Arten soziologischer Erklärungen des kognitiven Gehalts der Wissenschaft unangebracht sind. Die hier vertretene Position entspricht dabei weder Bloors überzogener Darstellung, noch deckt sie sich mit den von Laudan und Lakatos vertretenen Positionen.

Die folgende Analogie soll diesen Standpunkt verdeutlichen: Angenommen bei einem Fußballspiel landet der Ball vor den Füßen eines Spielers, der vor dem unbewachten Tor der gegnerischen Mannschaft steht. In diesem Zusammenhang würde man die Konsequenz, daß der Spieler den Ball ins Tor befördert, wohl kaum für erklärungsbedürftig halten. Beziehungsweise würde man gemäß den Fußballregeln ganz selbstverständlich wissen, daß eine „interne" Erklärung vorliegt. Schösse der Spieler den Ball nun aber nicht ins Tor, sondern zückte Messer und Gabel und versuchte, ihn zu essen, wäre dies eine im Rahmen eines Fußballspiels unsinnige Handlung. In diesem Fall würde man eine externe Erklärung verlangen, die möglicherweise auf den geistigen Gesundheitszustand des Spielers Bezug nähme. Hierbei handelt es sich sicherlich um ein extremes Beispiel, aber es zeigt deutlich, inwiefern eine legitime Unterscheidung zwischen internen und externen Erklärungen möglich ist. Wenn ein Akteur sich in einem Bereich engagiert, wobei er bestimmte Ziele verfolgt, dann bedarf es, wenn sein Einsatz zur Erreichung dieser Ziele beiträgt, keiner über das Wesen dieses Bereichs hinausgehenden Erklärung. Das soll natürlich nicht heißen, daß es sich beim Fußballspiel um eine gottgegebene Tätigkeit handelt, die nicht erklärbar ist. Eine Vielzahl von Fragen zu den Anfängen dieses Spiels, seinen psychologischen und sozialen Funktionen, der wirtschaftlichen Seite seiner Professionalisierung etc. kann mit Recht gestellt werden. Sicher gibt es Fälle, in denen eine soziologische Erklärung des Phänomens „Fußball" nötig ist. In Situationen jedoch, in denen das Spiel selbst und seine Regeln als gegeben betrachtet werden, lassen sich die Aktionen der Spieler nur intern erklären, es sei denn, daß diese Aktionen mit dem Ziel des Spieles nicht in Einklang gebracht werden können.

Eine ähnliche Ansicht kann im Hinblick auf den extremen Standpunkt vertreten werden, den Bloor bei seinem Versuch, seinen symmetrischen Ansatz einer Wissenssoziologie zu verteidigen, einnimmt. Einige von W. Hamlyn geäußerte Ansichten über die Wahrnehmung zeichnen sich durch genau die Asymmetrie aus, die Bloor entschieden ablehnt. Hamlyn zufolge „kann die Art und Weise, wie etwas wahrgenommen wird, in zwei Klassen unterteilt werden – in die richtige und in die falsche Art. Tatsächlich kann eine Art etwas wahrzunehmen – nämlich die richtige – von allen anderen unterschieden werden". Die richtige Art „läßt keinen Raum für wissenschaftliche Erklärung, da keine gefordert wird". Wenn man zwei Linien als gleich lang wahrnimmt, dann „gibt es nichts, was *verursacht*, daß sie als gleich lang wahrgenommen werden", sondern „sie *sind* einfach so" (Bloor, 1981, S. 205). Ich kann Bloors Zurückweisung von Hamlyns Thesen zustimmen, soweit es darum geht, daß sie das Vorhandensein jeglicher Erklärung für die menschliche Wahrnehmung leugnen. Es ist absolut legitim, danach zu fragen, warum die menschliche Wahrnehmung genau so und nicht anders funktioniert, unabhängig davon, ob sie richtige oder falsche Eindrücke vermittelt. Es ist jedoch nicht schwierig, Hamlyns Thesen so zu modifizieren, daß eine gewisse Asymmetrie gewahrt bleibt, ohne daß dabei behauptet würde, daß angemessene Wahrnehmung sich gleichsam von selbst erklärt. In einem Kontext, in dem der Mechanismus der Wahrnehmung als solcher vorausgesetzt wird, braucht man keine spezielle Erklärung dafür, warum Menschen das sehen, was sie sehen. Wenn beispielsweise Macbeth in einem derartigen Kontext behauptet, er sehe einen Dolch, dann bedarf das keiner besonderen Erklärung, falls tatsächlich ein Dolch vorhanden ist. Ist jedoch kein Dolch vorhanden, wird man nach einer „externen" Erklärung, möglicherweise unter Berücksichtigung von Macbeths psychischer Verfassung, suchen. Hier liegt sicherlich eine Asymmetrie vor, obwohl Hamlyn oder der sie nicht klar genug beschreibt.

Obwohl Analogien zwischen der Wissenschaft auf der einen und Fußball oder menschlicher Wahrnehmung auf der anderen Seite durchaus ihre Grenzen haben, können sie doch dazu dienen aufzuzeigen, wie – mit Bezug auf Ziel und Zweck der Aktivität – angemessene Wissenschaft intern verstanden und erklärt werden muß. Warum die Wellentheorie des Lichts die Teilchentheorie ablöste, warum Blondlots Behauptungen über N-Strahlen und Webers Thesen über Hochfluß-Gravitationswellen von der *Scientific community* zurückgewiesen wurden, oder wie und warum die Ergebnisse der Hertzschen elektromagnetischen Experimente so schnell Eingang in die physikalische Praxis fanden – sind Fragen, die sich am besten intern beantworten lassen, nämlich mit Bezug auf das Ziel der Wissenschaft, allgemeine Erkenntnisse zu gewinnen, die ein besseres und umfassenderes Verständnis des Wesens der Welt ermöglichen als die bisher vorhandenen Erkenntnisse. Eine externe Antwort auf diese Fragen unter Berücksichtigung der sozialen Herkunft, der Nationalität oder anderer Charakteristika der beteiligten Wissenschaftler zu suchen, ist ebensowenig angebracht wie das Bemühen, eine ähnliche Erklärung dafür finden zu wollen, daß ein Fußballspieler sich ein freies Tor zunutze macht. In gewisser Hinsicht haben die Traditionalisten allen Grund zu betonen, daß die Vorzüge einer Theorie unabhängig von Psychologie, sozialer Herkunft oder anderen Charakteristika ihrer Verfechter bewertet werden müssen.

Der hier vertretene Standpunkt, daß die interne Geschichte der Wissenschaft und eine interne, nichtsoziologische Erklärung und Bewertung einen legitimen Geltungsbereich besitzen, zwingt mich nicht dazu, jegliche andere Erklärung für Wissenschaft zu leugnen, und auch nicht dazu, Wissenschaft – gemäß einer ewig gültigen, gottgegebenen Form von Rationalität – als ihre eigene Erklärung zu betrachten. Existenz und Ausmaß der wissenschaftlichen Praxis in unserer Gesellschaft und ihre Wechselbeziehungen zu anderen gesellschaftlich-sozialen, politischen und wirtschaftlichen Tätigkeiten sind Aspekte, die eine Analyse und Erklärung erfordern. Wie bereits erwähnt wurde und noch weiter in Kapitel 8 ausgeführt wird, umfassen diese Themen, die durchaus nicht trivial sind, einige der brennendsten politischen und sozialen Probleme unserer Zeit. Was die der wissenschaftlichen Praxis impliziten Methoden und Maßstäbe angeht, so sind sie einem Wandel unterworfen, und jede Änderung verlangt eine Erklärung. Wird das Ziel der Wissenschaft jedoch als gegeben betrachtet, so können solche Änderungen eher intern, das heißt mit Bezug auf praktische und theoretische Entdeckungen und Entwicklungen, als extern, das heißt im Hinblick auf die Interessen gesellschaftlicher Gruppen und ähnlich, erklärt werden. Wenn nun aber jede Position, die eine Änderung von Methoden und Maßstäben zuläßt und eine ewige, universelle Form von Rationalität leugnet, als soziologische Position betrachtet wird, dann gehöre ich auch zu den Wissenschaftssoziologen. In diesem Falle unterscheide ich mich aber von den radikaleren Soziologen durch den Grad meiner Überzeugung, daß die Wissenschaft, ihre Methoden und die Art, wie sie sich entwickelt, intern verstanden werden können und sollten, also im Hinblick auf ihr grundlegendes Ziel, Erkenntnisse zu gewinnen, und nicht im Hinblick auf andere Ziele oder Interessen. Das soll nicht heißen, daß ich mich dem naiven Standpunkt anschließe, man könne Wissenschaft isoliert von anderen Interessen betreiben, und diese anderen Interessen stünden der Verwirklichung des Ziels der Wissenschaft niemals im Wege beziehungsweise sollten dies nicht tun. Ich bestehe nur darauf, daß es möglich und wichtig ist, das Ziel, wissenschaftliche Erkenntnis zu gewinnen, von anderen Zielen zu unterscheiden, und daß diese Unterscheidung für eine angemessene Erklärung und Bewertung von Wissenschaft von grundlegender Bedeutung ist.

Im nächsten Kapitel soll der Versuch unternommen werden, die bisher angestellten, etwas abstrakten Überlegungen zu konkretisieren, indem zwei detaillierte Studien, die sich um eine soziologische Erklärung des kognitiven Gehalts der Wissenschaft bemühen, kritisch untersucht werden.

7

Zwei soziologische Fallstudien

7.1 Statistik und politische Interessen

Als erste Fallstudie soll im folgenden Donald Mackenzies (1981) Untersuchung über den Einfluß gesellschaftlicher Interessen auf die Entwicklung der Statistik in Großbritannien Ende des 19. und Anfang des 20. Jahrhunderts analysiert werden. Diese Studie wird häufig exemplarisch für Untersuchungen dieser Art zitiert (Mackenzie 1978, 1981; Shapin, 1982). In seinen Ausführungen unternimmt Mackenzie den Versuch, eine „starke Version" der Wissenschaftssoziologie zu verteidigen. Nach Mackenzie (1981, S. 2) „zweifelt niemand daran, daß es einen Zusammenhang zwischen der Wissenschaft und dem sozialen Kontext gibt, in dessen Rahmen sie entwickelt wurde". Im weiteren unterscheidet er zwischen einer schwachen und einer starken Ausprägung dieser Beziehung. Nach ersterer besteht die Möglichkeit, daß gesellschaftlich-soziale Aspekte Erscheinungen wie zum Beispiel das Tempo und die Ausrichtung des wissenschaftlichen Fortschritts beziehungsweise die Unterstützung durch die Gesellschaft beeinflussen. Was die inhaltliche Beeinflussung der Wissenschaft anbelangt, so können nach der schwachen Version der Wissenschaftssoziologie gesellschaftliche Einflüsse die Wissenschaft nur verzerren, wenn sie diese vom rechten Weg abbringen. In dem Maße, in dem gesellschaftliche Einflüsse sich Zugang zum Inhalt der Wissenschaft verschaffen, entsteht daraus schlechte Wissenschaft. Nach der „starken Version" besteht die Möglichkeit, daß gesellschaftliche Einflüsse Auswirkungen auf den Inhalt der guten Wissenschaft haben. Zur Veranschaulichung der starken Form geht Mackenzie auf die Auswirkungen von gesellschaftlichen Interessen auf den Inhalt der Statistik im Großbritannien der Jahrhundertwende ein.

Die gesellschaftlichen Interessen, auf die sich Mackenzie in seinen soziologischen Ausführungen beruft, sind die der damaligen akademischen Mittelschicht. Zwar erhebt Mackenzie nicht den Anspruch, den Klassenbegriff im rein marxistischen oder einem anderen Sinne zu verwenden, doch ist die Natur und die Zusammensetzung der akademischen Mittelschicht ohnehin klar. Sie besteht eher aus denjenigen, die gegen Bezahlung einen Beruf ausüben, als aus denen, die von den Erträgen ihres Vermögens leben. Vom Proletariat unterscheidet sie sich dabei insofern, als ihre Tätigkeit eher geistiger und nicht körperlicher Natur ist. Zugang zu dieser Klasse wird durch Erziehung und Bildung und nicht durch adlige Herkunft oder ererbten Reichtum erlangt. Die Akademiker waren die Gralshüter von Wissen und Sachverstand, und ihre Macht hing davon ab, welche gesellschaftliche Rolle Wissen und Sachverstand spielten. Es lag stets im Interesse der Akademiker, die Bedeutung dieser Rolle zu vergrößern, dabei jedoch zu jeder Zeit strikte Kontrolle über die Zusammensetzung ihrer Klasse zu behalten.

Die Eugenik – wie sie um die Jahrhundertwende in Großbritannien entwickelt wurde – konnte und wurde auch tatsächlich dazu verwendet, den Interessen des akademischen Mittelstands zu dienen. Nach dieser Gesellschaftstheorie war der „civic worth", der Wert eines mündigen Bürgers, der mit seinen „geistigen Fähigkeiten" gleichgesetzt wurde, ein unveränderliches und ererbtes, natürliches Charakteristikum jedes einzelnen. Nur wer in hohem Maße über dieses natürliche Charakteristikum verfügte, war in der Lage, den Anforderungen einer akademischen Ausbildung gerecht zu werden. So konnte der akademische Mittelstand als von Natur aus überlegen betrachtet werden, und zwar nicht nur gegenüber der Arbeiterklasse, deren Angehörige aufgrund ihrer mangelnden geistigen Fähigkeiten als in natürlicher und logischer Weise unterlegen betrachtet werden könne, sondern auch gegenüber der Klasse der Aristokraten und Industriellen, da die Anhäufung von Reichtum sowie eine aristokratische Abstammung keinerlei Garantie für geistige Fähigkeiten darstellen. Vom Standpunkt der Eugeniker galt eine gesellschaftliche Hierarchie mit den fähigsten Akademikern an der Spitze als natürliche Hierarchie.

Die grundlegenden Annahmen der Eugeniker hinsichtlich des ererbten und gesellschaftlichen Wertes fanden sich bezeichnenderweise in einem gesellschaftlichen Programm wieder, dessen Zielsetzung darin bestand, die genetische Anlage der menschlichen Rasse zum Besseren zu verändern. So wurden zum Beispiel verschiedene Maßnahmen vorgeschlagen, welche die Fortpflanzung von besonders Armen sowie von Kriminellen und Geistesgestörten vermindern beziehungsweise verhindern sollten, während steuerliche Anreize und Familienzuwendungen angeregt wurden, um eine hohe Geburtenrate innerhalb der akademischen Mittelschicht zu fördern. Das Programm der Eugeniker diente dazu, die Macht der Akademiker zu stärken, die im Besitz des Wissens darüber waren, was man als die natürlichen Prozesse ansah, die den gesellschaftlichen zugrunde lagen.

Trotz bestehender Vorbehalte, denen auch Mackenzie (1981, S. 46ff.) Aufmerksamkeit schenkte, wollen wir im folgenden von der Annahme ausgehen, die Eugenik habe den Akademikern eine Möglichkeit geboten, ihre Interessen zu fördern und uns der weiteren Argumentation Mackenzies zuwenden. Er stellt Betrachtungen über Verbindungen zwischen der Eugenik und Entwicklungen in der Statistik an. Die Formulierung und Dokumentation des in der Eugenik angenommenen Erbmodus erforderte die Entwicklung angemessener statistischer Vorgehensweisen. Durch die Analyse solcher Entwicklungen bei Befürwortern der

Eugenik, wie zum Beispiel Francis Galton und Karl Pearson, versucht Mackenzie, ein schlagkräftiges Argument zugunsten der gesellschaftlichen Determination der Wissenschaft vorzubringen. Seine Studie soll als Beweis dafür dienen, daß die Interessen der akademischen Mittelschicht Eingang in den eigentlichen Inhalt der Statistik gefunden haben. Im folgenden soll nun untersucht werden, inwieweit ihm dies gelingt, und zwar unter besonderer Berücksichtigung der Arbeiten Galtons und Pearsons.

Francis Galton lebte zeit seines Lebens inmitten der intellektuellen Elite Großbritanniens. Er selbst weist darauf hin, daß seine ersten Gedanken über Vererbung von den verwandtschaftlichen Beziehungen geprägt wurden, die er unter den Intellektuellen in Cambridge feststellte. Er überzeugte sich selbst davon, daß zwischen Hochbegabten häufiger Verwandtschaftsbeziehungen nachgewiesen werden konnten, als dies bei einer zufälligen Verteilung der geistigen Fähigkeiten zu erwarten gewesen wäre. Überlegungen Galtons zur Vererbung scheinen ihren Ursprung in einigen Besonderheiten seiner eigenen Erfahrung in der Gesellschaft zu haben. Der theoretische Kontext, in dessen Rahmen er seine Theorien über Vererbung entwickelte, war der Naturalismus, eine Weltanschauung, die nach Darwin sehr populär geworden war und einen Bereich geschaffen hatte, innerhalb dessen anerkannte Wissenschaftler darum kämpften, der Autorität der Kirche einen Einflußbereich abzuringen. Galton trat ausdrücklich dafür ein, die Autorität der Kirche durch „wissenschaftliches Priestertum" zu ersetzen (Mackenzie, 1981, S. 55).

Galton konnte sich auf die bereits bestehende Fehlertheorie stützen, als er bei seinen Untersuchungen im Bereich der Eugenik statistische Verfahrensweisen benötigte. Laut dieser Theorie ging man davon aus, daß sich Meßfehler in einer Form um einen Mittelwert gruppieren, die man heute üblicherweise als Normalverteilung bezeichnet. Galton adaptierte diese Verfahrensweisen, so daß sie auf unterschiedliche menschliche Eigenschaften, wie zum Beispiel Körpergröße, innerhalb einer Gemeinschaft anwendbar wurden. Galton adaptierte jedoch nicht nur die Fehlertheorie, sondern erweiterte sie auch und leistete dabei einen fundamentalen Beitrag zur Statistik. Bei seinem Versuch, den Einfluß der Vererbung quantitativ darzustellen, wollte Galton in der Lage sein, mit den statistischen Eigenschaften abhängiger Variablen zu arbeiten. Insbesondere mußte er sich mit der Beziehung zwischen der Verteilung von Variablen (wie zum Beispiel der Körpergröße) in aufeinanderfolgenden Generationen befassen. In eben diesem Zusammenhang entwickelte Galton die Konzepte, die heute als Regression und Korrelation bivariater Normalverteilungen bekannt sind.

Galtons Eugenik und seine Statistik wurden von Pearson aufgegriffen und weiterentwickelt. Letzterer gehörte der akademischen Mittelschicht der Intellektuellen an. Er trat für eine Art des Sozialismus ein, der dem der Fabianer ähnelte, und strebte Reformen an, mittels derer die auf Reichtum basierende Macht der Bourgeoisie ersetzt werde durch Macht, die sich auf Wissen und geistige Fähigkeiten gründen solle. Wie bereits gezeigt, fügte sich die Eugenik gut in dieses Programm ein, und Pearson sah Eugenik und Sozialismus allmählich als untrennbares Ganzes an. Als Professor für Angewandte Mathematik am University College London arbeitete Pearson eng mit W. F. R. Weldon, Professor für Zoologie, zusammen und versuchte, die Evolutionstheorie Charles Darwins auf eine solide mathematische Grundlage zu stellen. Ein biometrisches und ein eugenisches Labor wurden eingerichtet und die Hauszeitschrift „Biometrika" ins Leben gerufen. Schließlich wurde Pearson in der Nachfolge Galtons Professor für Eugenik, das heißt er erhielt einen Lehrstuhl, der mit Hilfe des für eben diesen Zweck bestimmten Geldes aus dem Nachlaß Galtons finanziert wurde.

Pearson leistete einen bedeutenden Beitrag auf dem Gebiet der Statistik, wobei er die Verfahrensweisen Galtons noch weiter verbesserte und sie auf multivariate Verteilungen erweiterte. Mackenzie (1981, Kap. 7; 1978) unternimmt den Versuch darzustellen, in welchem Maße Pearsons Anliegen im Bereich Eugenik und die gesellschaftlichen Interessen, denen sie dienten, in den Kern seiner technischen statistischen Arbeit eingingen, indem er eine Kontroverse zwischen Pearson und einem seiner ehemaligen Schüler, Gill Yule, analysierte. Bei dieser Kontroverse ging es um die richtige Art der Messung von Zusammenhängen zwischen biologischen Daten, insbesondere von menschlichen Charakteristika. Für beständige, meßbare und der Normalverteilung folgende Variablen, wie zum Beispiel die Körpergröße, konnten auf eine für damalige Verhältnisse einfache und unstrittige Weise Korrelationskoeffizienten erstellt werden. Schwierigkeiten ergaben sich hingegen bei Daten, die sich auf Phänomene bezogen, die nicht auf einer kontinuierlichen Zahlenskala meßbar waren, wie dies zum Beispiel bei Augenfarbe und Intelligenz der Fall ist. Pearson entwickelte Assoziationsmaße für Zusammenhänge zwischen solchen Daten und stellte die These auf, daß ihnen einige variable Faktoren zugrunde liegen, die der Normalverteilung oder einer anderen regelmäßigen Verteilung folgen. Yule hielt eine solche Annahme für ungerechtfertigt. In bezug auf diskrete Variablen (tot oder lebendig, geimpft oder nicht geimpft), denen er besonderes Interesse entgegenbrachte, betrachtete er Pearsons Annahme als geradezu absurd. Er entwickelte pragmatische Maße für den Zusammenhang binärer Variablen (geimpft oder nicht, lebendig oder nicht), die seinen praktischen Anforderungen genügten. Pearson betrachtete die von Yule entwickelten Maße als für die Theorie unbedeutend und wies darauf hin, daß die jeweiligen Messungen des Zusammenhangs in Abhängigkeit davon variierten, welche der zahlreichen von Yule aufgestellten, unterschiedlichen Maße herangezogen wurden. Yule reagierte mit dem Argument, daß seine Zusammenhangsmaße den praktischen Anforderungen entsprächen, für die sie erstellt worden waren und zu keinerlei Widersprüchen führten, vorausgesetzt, daß ein und dasselbe Maß während einer bestimmten Untersuchung beibehalten wurde. Mackenzie erklärte diese unterschiedlichen Sichtweisen mit den Interessen, die auf dem Spiel standen. Pearsons überzeugtes Eintreten für die von ihm entwickelten Zusammenhangsmaße ist auf die Zusammenhangsannahmen seiner eugenischen Thesen zurückzuführen, wohingegen Yules Maße auf seine stärker pragmatisch orientierten Interessen an einer Verbesserung der sozialen Lage der Armen zurückgeführt wird. Mackenzie versucht nicht, Yules Standpunkt auf ein breiteres soziales Interesse zurückzuführen, geht allerdings davon aus, daß das Anliegen zur Beseitigung der Ursachen für die Unruhen unter den Armen ganz den Interessen der zum Abstieg tendierenden Gesellschaftsschicht entsprach, der Yules Familie angehörte. Daraus ergibt sich die „Möglichkeit, daß spezifisch gesellschaftliche Interessen die nicht-eugenische Statistik Yules und seiner Anhänger trugen" (Mackenzie, 1981, S.182).

Das oben geschilderte Beispiel veranschaulicht die Art von Fällen, die Mackenzie in seinen Arbeiten darstellt, obgleich ich natürlich auf viele interessante Details verzichten mußte. Meiner Meinung nach veranschaulicht Mackenzies Darstellung des Einfließens gesellschaftlicher Interessen in die praktische wissenschaftliche Arbeit eher eine schwache soziologische Erklärung, als eben jene starke, die er zu untermauern versucht. Vor allem stellt Mackenzie den Einfluß gesellschaftlicher Interessen in die Statistik keineswegs in einer Art und Weise dar, die sein Anliegen ausreichend unterstützt (vgl. Yearley, 1982; Woolgar, 1981).

Zwar kamen Galtons und Pearsons Beiträge zur Statistik im Zusammenhang mit Untersuchungen zur Vererbung zustande und hatten auch Auswirkungen auf die Eugenik, doch fanden diese Erkenntnisse eine relativ breite Anwendung. Galton selbst führte zum Beispiel statistische Untersuchungen zum Gewicht von Gartenwickensamen sowie zum Wuchs von Menschen durch, wobei keine dieser beiden Untersuchungen direkte Bedeutung für die Eugenik hatte. Hinsichtlich einiger Innovationen Pearsons stellt Mackenzie fest (1981, S. 90), daß dessen Definitionen „in der Tat allgemeinen Charakter haben. Es ist jedoch offensichtlich, daß es der Mensch ist, auf den sie angewendet werden sollten". Dies bedeutet auch, daß die gesellschaftlichen Interessen eher vorrangig in Pearsons Intentionen und nicht in der Statistik selbst lagen. Mackenzie räumt des weiteren ein, daß viele sich mit den Arbeiten Pearsons beschäftigten, um Fertigkeiten zu erlernen, die sie in Gebieten anwenden konnten, die nichts mit der Eugenik zu tun hatten. So wandte W. S. Gosset zum Beispiel Methoden der partiellen und multiplen Korrelation, die von Pearson und seinen Schülern entwickelt worden waren, zur Verbesserung von Brauverfahren an, wodurch er das Vermögen von Arthur Guiness & Son, für die er arbeitete, vergrößerte (Mackenzie, 1981, S. 111ff.). Die Tatsache, daß die Statistik, die für die Eugenik nützlich war und somit den Interessen der akademischen Mittelschicht diente, auch im Interesse der Bourgeoisie genutzt werden konnte, ist unvereinbar mit der Behauptung, daß die Statistik in starkem Maße von den Interessen der akademischen Mittelschicht geprägt war.

Wenn man sich nun – von der Statistik ausgehend – dem Bereich der Eugenik zuwendet, für dessen Entwicklung die Statistik eingesetzt wurde, so kann man feststellen, daß gesellschaftliche Interessen in die Eugenik eingeflossen sind. Viele zentrale Annahmen der Eugenik, selbst wenn man sie eher im engeren Zusammenhang einer Vererbungstheorie als im weiteren eines Gesellschaftsprogramms betrachtet, hatten nur eine geringe Daseinsberechtigung, wenn sie aus der Sicht der Wissensproduktion beurteilt werden. Die Ansicht, daß die Menschen über das ihnen inhärente Charakteristikum des „civic worth" verfügen und daß dieses Cha-

rakteristikum entsprechend der Normalverteilung oder auf eine andere regelmä-
ßige Art und Weise verteilt sei, wurde einfach als gegeben angenommen und nicht
etwa wissenschaftlich begründet. Die Beweisführung zugunsten der in der Eugenik getroffenen Annahmen, wie zum Beispiel die Beobachtung, daß Kinder der
intellektuellen Elite normalerweise selbst Mitglieder dieser Elite wurden, könnte
ohne weiteres Gegenstand einer Erklärung hinsichtlich des gesellschaftlichen
Milieus sein. Es wurde jedoch nur wenig beziehungsweise gar keine Forschungsarbeit betrieben, um diese konkurrierenden Erklärungen voneinander abzugrenzen. Meines Erachtens besteht kein Zweifel, daß – im Gegensatz zu ihrer Funktion
als Wissensbasis – ein Großteil des Inhalts der Eugenik über den Bezug zu den
gesellschaftlichen Interessen, denen sie diente, erklärt werden muß. Dies ist
jedoch, im Sinne einer schwachen gegenüber einer starken soziologischen Erklärung, eine gesellschaftliche Erklärung für schlechte Wissenschaft.

Selbst wenn man berechtigterweise ablehnen kann, daß der Inhalt der Statistik mit dem Verweis auf umfassende gesellschaftliche Interessen nicht angemessen erklärt werden kann, gibt es viele Argumente, welche die Praxis einer
soziologischen Erklärung rechtfertigen. Mackenzie selbst leistet in dieser Hinsicht
einen wertvollen Beitrag. Sicher ist die Annahme richtig, daß sowohl die Erklärung, warum Fortschritte in der Statistik zu einem bestimmten Zeitpunkt erzielt
wurden, als auch das Ausmaß, in dem sie gesellschaftliche Unterstützung und eine
institutionelle Basis erlangten, aufs engste mit der Eugenik selbst verknüpft.
Ebenfalls von entscheidender Bedeutung dürfte gewesen sein, in welchem Umfang die Eugenik den Interessen der damaligen intellektuellen Mittelschicht
diente. Die genaue Form, die solche soziologischen Erklärungen annehmen sollten, ist nur schwer zu spezifizieren, und auch Mackenzie gelang es meiner Meinung nach nicht, diese Streitfrage zu klären. Er wehrt sich entschieden dagegen,
daß seine soziologischen Erklärungen das Ziel hätten, die Psychologie oder Moti-
vation des einzelnen zu erläutern. Gleichzeitig lehnt er jene deterministische Sicht
ab, nach der die Vorstellungen des einzelnen durch seinen gesellschaftlichen Hintergrund bedingt seien (Mackenzie, 1981, S. 92). Hier widerspricht Mackenzie
völlig zu Recht der Charakterisierung von soziologischen Erklärungen, wie sie
von Laudan (1977, S. 217) in seiner Kritik der Wissenschaftssoziologie vorgebracht wird:

„Jede kognitive soziologische Erklärung muß zumindest *eine* kausale
Beziehung zwischen der Meinung X, einem, der sie vertritt Y, und dessen gesellschaftlicher Situation Z herstellen. Dies geschieht [wenn die
soziologische Erklärung wissenschaftlich sein soll], indem man sich auf
ein Gesetz bezieht, daß alle (oder fast alle) Personen, die sich in Situation Z befinden, Meinungen des Typs X annehmen."

Erklärungen, die diesem Muster folgen, fehlen nicht nur in der Soziologie, sondern – ganz allgemein betrachtet – auch in jeder anderen Wissenschaft. (Wenn im
Herbst ein Blatt zu Boden fällt, können wir zur Erklärung die Schwerkraft heran-

ziehen. Doch fallen nicht alle Blätter zu Boden. In meinem Garten fallen viele Blätter auch auf das Dach und verstopfen die Dachrinne.) Darüber hinaus deutet die im vorhergehenden Kapitel geführte Diskussion bereits an, warum ich Laudans Konzentration auf individuelle Überzeugung als unangemessen erachte – eine Ansicht, die Mackenzie bisweilen, keineswegs jedoch immer, zu teilen scheint.

Mackenzie versäumt es, eine angemessene, allgemeine Charakterisierung der Form seiner soziologischen Erklärung zu liefern. Seine Gesellschaftsanalyse weist auf ein „Zusammenspiel" von Überzeugungen und gesellschaftlichen Interessen hin (Mackenzie, 1981, S. 92). Er bekräftigt zudem, daß „es manchmal nützlich ist, individuelle Überzeugungen unter einer gesellschaftlich-sozialen Perspektive zu diskutieren" (Mackenzie, 1981, S. 73). Solche Anmerkungen können jedoch im Sinne einer schwachen Form der Theorie interpretiert werden und können kaum als angemessene Charakterisierungen eines starken Programms in der Wissenssoziologie angesehen werden. An anderer Stelle steht Mackenzies Analyse mehr im Einklang mit seinen nicht-individualistischen Behauptungen, die eine Analyse der Institutionalisierung der Wissenschaft beinhalten.

Meines Erachtens kann Mackenzies Analyse der gesellschaftlichen Interessen, welche die Entwicklung der Statistik in Großbritannien zwischen 1865 und 1930 beeinflußten, wohl am besten auf folgende Art und Weise Rechnung getragen werden. Zunächst sollte unsere Gesellschaftsanalyse versuchen, den Zustand der Gesellschaft so zu verstehen, daß verschiedene Gruppen oder Klassen und ihre jeweiligen Interessen identifiziert werden. In diesem Punkt gibt es meines Erachtens keine wesentlichen Einwände gegenüber der Art und Weise, in der Mackenzie die intellektuelle Mittelschicht und deren Interessen identifiziert. Mit Hilfe dieser Erkenntnisse ist es nun möglich festzumachen, auf welche Weise die Eugenik Möglichkeiten bot, die zugunsten der Interessen dieser Klasse genutzt werden konnten. Wenn wir erst einmal erkannt haben, daß die Entwicklung der Eugenik auch Entwicklungen in der Statistik erforderte, sind wir in der Lage zu verstehen, in welcher Weise die weiteren Entwicklungen die Interessen der intellektuellen Mittelschicht förderten.

Hierin liegen meiner Meinung nach auch die Grenzen einer generellen Analyse. Innerhalb dieses Rahmens haben Behauptungen wie zum Beispiel „Statistik entwickelte sich in Großbritannien der Jahrhundertwende, da sie die Chance bot, den Interessen der akademischen Mittelschicht zu dienen" erklärende Funktion, ohne jedoch den Anspruch zu erheben, daß die Überzeugungen und Motive einzelner von ihrer jeweiligen gesellschaftlichen Lage bestimmt und abgeleitet werden können.

In welchem Maße, von wem und auf welche Weise Vorteile aus den verschiedenen Möglichkeiten gezogen wurden, ist ungewiß und kann nur durch historische Forschung erklärt werden. Dies kann jedoch in keinem Falle Gegenstand einer allgemeingültigen soziologischen Erklärung sein. Mackenzies Analyse berücksichtigt solche Möglichkeiten in mehrfacher Art und Weise. So veranschaulicht zum Beispiel seine Darstellung dessen, wie Pearson in eine nach oben mobile Mittelschicht hineingeboren wurde, wie er auf die Armut und das Elend im Großbritannien des Viktorianischen Zeitalters und auf die „selbstgefällige Oberflächlichkeit" (Mackenzie, 1981, S. 75) an der Universität von Cambridge reagierte oder wie er während eines Besuches in Deutschland verschiedene Arten des Sozialismus kennenlernte etc., jene Entwicklung, die Pearson in die Lage versetzte, seine Klasseninteressen durch die Weiterentwicklung der Statistik zu fördern. Überträgt man dies auf die von Mackenzie verwendeten Begriffe, so kann man nachvollziehen, daß „das Zusammenspiel" zwischen der Eugenik und den Interessen der akademischen Mittelschicht eine Möglichkeit zur Förderung jener Interessen bot, aus denen Pearson, dank seiner mathematischen Vorbildung, Nutzen ziehen konnte und dies auch tatsächlich tat.

Zusammenfassend möchte ich nun einräumen, daß eine Gesellschaftsanalyse hinsichtlich der praktischen Anwendung der Statistik im Großbritannien der fraglichen Zeit, wie sie Mackenzie durchführte, durchaus angebracht ist, und daß Mackenzie einen nützlichen Beitrag zu dieser Art der Analyse leistet, wenngleich die genaue Form seiner gesellschaftlichen Begründungen noch der Klärung bedarf. Dies genügt, um eine puristische Sichtweise anzufechten, nach der das Streben nach Wissen in akademischen Einrichtungen seiner eigenen Dynamik folgt, ohne zu umfassenderen politischen oder gesellschaftlichen Interessen in Beziehung zu stehen. Wie Mackenzie zeigt, war die wesentliche Unterstützung der Weiterentwicklung der Statistik am University College London aufs engste verknüpft mit der Eugenik-Bewegung. Darüber hinaus dienten die Theorien der Eugenik – im Gegensatz zur Statistik – den Interessen der akademischen Mittelschicht in weitaus stärkerem Maße als dem Ziel, neue Erkenntnisse hervorzubringen. Ungeachtet der Bedeutung, die Mackenzies Analyse zugeschrieben wird, hat er jedoch meiner Meinung nach in keinem Falle eine soziologische Erklärung zum Inhalt der Statistik vorgelegt, die ausreichte, seine Behauptung, auch gute Wissenschaft sei der soziologischen Determination unterworfen, zu untermauern.

7.2 Freudenthals soziologische Erklärung von Newtons „Principia"

Wie bereits festgestellt, liegt ein Schwachpunkt von Mackenzies Versuch, die Statistik unter gesellschaftlichen Aspekten zu erklären, darin, daß er versäumt klarzustellen, welche soziologische Erklärungsform des kognitiven Gehalts er anstrebt. Es gelingt ihm nicht, eine adäquate Antwort auf die Frage Knorr-Cetinas anzubieten, auf welche Weise theoretische Aussagen an sich gesellschaftliche Faktoren enthalten können (Knorr-Cetina, 1983, S.116). Dies trifft jedoch nicht auf Gideon Freudenthals (1982) Entwicklung einer gesellschaftlichen Erklärung einiger Aspekte der Physik Newtons zu. Freudenthal gibt sich nicht mit dem Aufzeigen von Parallelen oder Übereinstimmungen zwischen verschiedenen wissenschaftlichen Theorien zum einen und gesellschaftlichen Verhältnissen sowie gesellschaftlichen Konzeptionen zum anderen zufrieden. Er bemüht sich vielmehr, den genauen Weg nachzuvollziehen, auf dem gesellschaftliche Verhältnisse in die

Physik Newtons Eingang finden. Im folgenden soll nun untersucht werden, inwieweit ihm dies gelingt.

Freudenthal strebt keine gesellschaftliche Ableitung des gesamten Inhalts der „Principia" an. Er versucht weder Newtons Bewegungsgesetze noch das Newtonsche Gravitationsgesetz unter gesellschaftlichen Aspekten zu erklären. Was er jedoch versucht, ist die Darstellung dessen, auf welche Weise andere bedeutende Annahmen, die in der „Principia" aufgestellt werden, ihren Ursprung in gesellschaftlichen Verhältnissen haben und von diesen auch gestützt werden. Der Weg, auf dem Freudenthal von gesellschaftlichen Verhältnissen zum kognitiven Gehalt der Wissenschaft Newtons gelangt, gestaltet sich ungefähr wie folgt: Der gesellschaftliche Wandel vom Feudalismus hin zu den frühen Formen des Kapitalismus bringt eine Gesellschaftskonzeption hervor, nach der die Gesellschaft zu verstehen ist durch die essentiellen Eigenschaften ihrer einzelnen Mitglieder. Diese Form der Erklärung kann als allgemeingültiger philosophischer Grundsatz formuliert werden, nach dem die Eigenschaften eines Ganzen durch die essentiellen Eigenschaften seiner Teile erklärt werden müssen. Wendet man diesen Grundsatz auf die Newtonsche Physik an, so hat er gewisse Auswirkungen auf einen Teil ihres Inhalts. Wie Freudenthal betrachte ich einige Aspekte, die dem Prozeß, in dem gesellschaftliche Verhältnisse die Physik beeinflussen, in umgekehrter Reihenfolge zu ihrem angeblichen Auftreten. Ich beginne mit der Benennung der Aspekte im Rahmen der „Principia", die gesellschaftlich erklärt werden sollen.

Als erstes untersucht Freudenthal die Newtonsche Konzeption vom absoluten Raum, für die Newton in seiner „Principia" folgende Argumente vorbringt: das berühmte Experiment mit einem mit Wasser gefüllten rotierenden Gefäß und das damit verbundene Experiment zur Rotation zweier mit einer Feder verbundener Objekte. Die kreisförmige Bewegung des Wassers in dem zur Rotation gebrachten Gefäß und die Ausdehnung der die beiden Objekte verbindenden Feder benutzt Newton dazu, die Existenz von Rotation in Relation zum absoluten Raum darzustellen, der unabhängig von der Materie existiert. Ein weiterer Angriffspunkt für Freudenthal ist die von Newton vorgenommene Unterscheidung zwischen essentiellen und universellen Eigenschaften der Materie. Alle materiellen Körper verfügen über universelle Eigenschaften, die man bei empirischen Betrachtungen und experimentellen Untersuchungen vorfindet. Das gleiche gilt für essentielle Eigenschaften. Für Newton muß jedoch eine weitere notwendige Bedingung erfüllt sein, wenn eine Eigenschaft als essentiell gelten soll. So weist Newton ausdrücklich darauf hin, daß zum Beispiel die Ausdehnung eine universelle und auch eine essentielle Eigenschaft eines Körpers ist, wohingegen die Schwerkraft zwar eine universelle, nicht jedoch eine essentielle Eigenschaft ist. Als dritten Punkt definiert Newton die „Quantität der Materie" als das Produkt von Dichte und Volumen, während in der „Principia" an anderer Stelle die Dichte als Masse pro Volumeneinheit definiert wird. Wenn wir nun folgerichtig „Masse" und „Quantität der Materie" gleichsetzen, so ist dies eindeutig zirkulär. Der vierte Angriffspunkt im Rahmen der gesellschaftlichen Erklärung Freudenthals, die hier betrachtet werden soll, ist Newtons Argumentation, daß Stoffe unterschiedliche Dichte aufweisen, woraus er die Schlußfolgerung zieht, daß sie Vakuumräume unterschiedlichen Grades beinhalten müssen.

Alle im vorigen Absatz dargelegten Behauptungen der „Principia" sind problematisch. Die Experimente mit einem rotierenden Gefäß oder einem Paar von Objekten könnten dahingehend interpretiert werden, daß sie die Bewegung in Relation zu den Himmelskörpern zeigen, das heißt, selbst wenn man Newton in der Annahme folgt, daß absolute Bewegung wissenschaftlich erwiesen ist, so reicht dies dennoch nicht aus, seine Schlußfolgerung zu stützen, daß Bewegung in einem Raum stattfindet, der unabhängig von Materie ist. Hinsichtlich Newtons Unterscheidung zwischen universellen und essentiellen Eigenschaften fällt es schwer zu erkennen, welche empirischen Konsequenzen sich möglicherweise aus der Behauptung ergeben könnten, daß eine Eigenschaft zusätzlich zu ihrem Vorhandensein in allen Körpern, die Gegenstand von Beobachtungen oder Experimenten sind, als essentiell zu gelten hat. Die offensichtliche Zirkularität, die in Newtons Ausführungen zur Dichte enthalten ist, stellt natürlich ein Problem dar. Dagegen gibt es eine ganze Reihe anderer leicht zugänglicher Erklärungen für die differierenden Dichten, die als Alternative zu der von Newton als unerläßlich erachteten Erklärung betrachtet werden können.

Freudenthal führt an, daß in der „Principia" eine Annahme vorausgesetzt wird, die – falls sie akzeptiert wird – die oben erwähnten Probleme aus dem Weg räumt. Diese Annahme besagt, daß sich die materielle Welt aus gleichen Partikeln zusammensetzt, die alle über die gleichen essentiellen Eigenschaften verfügen – Eigenschaften, die einem Partikel auch als einzelnem im leeren Raum zukommen würden. Der Einfachheit halber soll Freudenthals Annahme im folgenden als „Elementar-Partikel-These" bezeichnet werden. Gewiß ist es Newtons Argumentation zugunsten einer absoluten Rotation dienlich, wenn vorausgesetzt wird, daß es von Bedeutung ist, sich das Gefäß als im sonst leeren und präexistenten Raum vorzustellen. Mit Hilfe der „Elementar-Partikel-These" kann man verstehen, warum Newton der Gravitation den Status einer essentiellen Eigenschaft abspricht, obwohl sie für alle Körper auf der Erde gilt. Nach Newton würde nämlich ein Partikel, das sich als einzelnes im leeren Raum befindet, zwar immer noch eine Ausdehnung haben, nicht jedoch der Gravitation unterliegen. Wenn man „Quantität der Materie" als „Anzahl von Elementarpartikeln" versteht, dann ist die Quantität der Materie tatsächlich als Produkt aus Volumen und Dichte der Partikel zu verstehen. Aber da Partikel nicht direkt beobachtet und gezählt werden können, ist die Quantität der Materie und somit auch die Dichte in diesem Sinne nicht meßbar. Da jedoch die Größen „Masse" und „Volumen" meßbar und auch vergleichbar sind, ist es möglich, eine operationale Definition von Dichte als Quotient aus Masse und Volumen zu geben. Hierbei kommt es zu keiner Zirkularität, weil zwei Konzeptionen von Dichte beteiligt sind, von denen nur eine meßbar ist. Sobald man jedoch von der Annahme ausgeht, daß verschiedene Stoffe aus gleichen Elementarpartikeln bestehen, erfordern differierende Dichten die Existenz verschieden großer Hohlräume zwischen den Partikeln, wie dies auch Newton folgerte.

Eine *starke* Formulierung der „Elementar-Partikel-These" ist in Newtons „Principia" nicht explizit zu finden, wenngleich man hier und an anderer Stelle in seinen Werken indirekte Hinweise auf sein Eintreten für dieseThese finden kann. Etwas *schwächer* formulierte Newton diese These wie folgt (zit. nach Freudenthal, 1982, S. 42):

> „Ausdehnung, Härte, Undurchdringlichkeit, Beweglichkeit und vis inertiae des Ganzen folgen aus der Ausdehnung, Härte, Undurchdringlichkeit, Beweglichkeit und den Trägheitskräften der Teile; und hieraus schließen wir, daß alle kleinsten Teile aller Körper ausgedehnt und hart, undurchdringlich und beweglich und mit Trägheitskräften begabt sind. Und dies ist das Fundament der gesamten Philosophie."

In Anlehnung an Freudenthal läßt sich feststellen, daß Newton keine Argumente für diese Behauptung vorbringt. Vielmehr setzt er sie als gegeben voraus. Für die Tatsache, daß Newton von der bei Freudenthal aufgestellten „starken Version" der „Elementar-Partikel-These" ausgeht, spricht primär, daß bei Zugrundelegung dieser Annahme Argumente und Behauptungen in der „Principia" sinnvoll erscheinen, die sonst, wie gezeigt wurde, problematisch wären. Eine plausible Erklärung, warum Newton nie alle Komponenten der „Elementar-Partikel-These" explizit nannte und warum man in seinen Werken keine Argumente für diese findet, ist darin zu suchen, daß er sie als gegeben, das heißt als vorausgesetzt betrachtete.

Wenn wir Freudenthals Rekonstruktion der „Elementar-Partikel-These" sowie ihre Rolle und den ihr zukommenden Rang akzeptieren, dann sind wir in der Lage, die Zielsetzung der von Freudenthal vorgenommenen gesellschaftlichen Erklärung der „Principia" zu verstehen und zu würdigen. Die Annahme, daß die materielle Welt im Sinne der essentiellen Eigenschaften, aus denen sie sich zusammensetzt, erklärt werden kann – wobei eine essentielle Eigenschaft als die Eigenschaft verstanden wird, die ein Partikel besitzen würde, wenn es sich als einzelnes im leeren Raum befände – wird offensichtlich in der „Principia" vorausgesetzt. Obwohl diese Annahme keine Auswirkung auf den nachprüfbaren empirischen Gehalt der Physik der damaligen Zeit hatte, können dennoch entscheidende Auswirkungen auf die in der „Principia" erhobenen substantiellen Forderungen festgestellt werden. Wie läßt sich dieses Phänomen erklären? Wie kam es dazu, daß die „elementary-particle-assumption" als gegeben vorausgesetzt wurde? Eben diese Fragen bemüht sich Freudenthal, durch Rückgriff auf gesellschaftliche Verhältnisse zu beantworten.

Freudenthal verfolgte Newtons Annahme zurück bis zu der individualistischen Gesellschaftsauffassung, die im 17. Jahrhundert aufkam, als die Feudalgesellschaft den frühen Formen der kapitalistischen Gesellschaft wich, wobei dem Markt eine ständig wachsende Bedeutung zukam. Dabei wird von der Tatsache ausgegangen, daß die Feudalgesellschaft mit dem Wachstum der Städte und der zunehmenden gegenseitige Abhängigkeit von Stadt und ländlichem Raum in zunehmendem Maße lebensunfähig wurde. Die wachsende Bedeutung des Marktes, Konsequenz einer größeren Komplexität und wechselseitigen Abhängigkeit, ermöglichte es den Kaufleuten, Reichtum und Macht zu erwerben, und zwar nicht durch Geburtsrecht, sondern dadurch, daß sie die Chancen nutzten, die ihnen der Markt bot. Gleichzeitig wurde es für die Bauern immer leichter, Land und Machtbereich ihres Gutsherrn zu verlassen und als Lohnarbeiter in die Städte zu gehen. Die entstehenden kapitalistischen Gesellschaftssysteme mußten verstanden und gerechtfertigt werden. Eine Alternative zu einer auf natürlicher Rangordnung beruhenden Feudalgesellschaft, entsprechend der klassischen Definition von Thomas von Aquin, wurde zur theoretischen und politischen Notwendigkeit. Thomas Hobbes reagierte auf die Herausforderung, die sich im 17. Jahrhundert stellte, in erster Linie mit seinem Werk „Leviathan". Weitere Alternativen wurden in den späteren Jahren des 17. Jahrhunderts formuliert, wobei insbesondere das Werk John Lockes, eines Zeitgenossen Newtons, hervorzuheben ist. Freudenthal macht auf den heute allgemein anerkannten Sachverhalt aufmerksam, daß die von verschiedenen Theoretikern formulierten Gesellschaftsauffassungen zwar in wesentlichen Punkten voneinander abwichen, jedoch alle in einem Punkt übereinstimmten. Alle diese Theoretiker versuchten, die Gesellschaft durch Bezugnahme auf die essentiellen Eigenschaften ihrer einzelnen Mitglieder zu erklären, Eigenschaften, von denen man annahm, daß jedes Individuum sie unabhängig von seiner Existenz in der Gesellschaft besitze.

Soweit zeigt die Analyse eine deutliche Parallele zwischen dem Verhältnis von Element und System, wie es in der Physik Newtons vorkommt, und den Gesellschaftsauffassungen, die im 17. Jahrhundert aufkamen und sich durchsetzten. Freudenthal stellt jedoch klar, daß er sich keineswegs damit zufrieden gibt, Parallelen als Erklärungen zu akzeptieren. Vielmehr beabsichtigt er, nachdem er das Aufkommen einer individualistischen Gesellschaftsauffassung gleichsam als Antwort auf gesellschaftliche Veränderungen festgestellt hat, den genauen Weg aufzuzeigen, auf dem eine Form dieses Individualismus Eingang in die Newtonsche Physik fand. Dieser Weg eröffnete sich laut Freudenthal über die Philosophie. Er versucht zu zeigen, wie Newton analog zu Hobbes aus der Gesellschaftstheorie einen allgemeingültigen philosophischen Grundsatz des Verhältnisses von Element und System extrahierte, den er als gegeben voraussetzte und in der Folge auf seine Physik anwandte.

Freudenthal hebt besonders hervor, daß Hobbes' Theorien als politisches Programm zur Bekämpfung der gesellschaftlichen Verhältnisse im Feudalismus und der hierarchischen Gesellschaftsauffassung, die zur Rechtfertigung dieser Gesellschaft diente, angesehen werden sollte. Gleichzeitig sollten sie Möglichkeiten für die Entstehung neuer Gesellschaftsformen eröffnen. Die Ansicht, daß die Hobbesschen Theorien eine unbewußte Reflexion der auf dem Markt bestehenden Vertragsverhältnisse darstellen, muß entschieden zurückgewiesen werden, da zu Hobbes' Lebzeiten die feudalistischen Gesellschaftsverhältnisse immer noch existierten und von ihm erlebt wurden, wenn auch als etwas, dem man sich widersetzen und das man ersetzen mußte. Er griff die Vertragsverhältnisse, wie sie auf dem Markt zwischen freien und gleichen Warenbesitzern bestanden, heraus und stellte die Behauptung auf, daß eben diese die Grundlage für eine Gesellschaftsanalyse darstellten. So nahm er ein Projekt in Angriff, das seine theoretischen Forderungen untermauern sollte. Ein Projekt, das politische Auswirkungen auf die zu unternehmenden Schritte zur Ablösung der gesellschaftlichen Verhältnisse im Feudalismus durch solche gesellschaftlichen Verhältnisse hatte, die auf Verträgen zwischen freien und gleichen Individuen beruhten.

Im 17. und 18. Jahrhundert wurden in der Regel drei Arten der Philosophie unterschieden – Sozialphilosophie, Naturphilosophie und Philosophia Prima (Metaphysik oder „Erste Philosophie"). Letztere wurde als ein Gerüst aus abstrakten Verallgemeinerungen betrachtet, die sowohl auf die Sozial- als auch auf die Naturphilosophie anwendbar waren. Nach Freudenthal wurde die Annahme Hobbes', daß die Gesellschaft anhand der essentiellen Eigenschaften ihrer einzelnen Mitglieder verstanden werden sollte, zu einem allgemeingültigen Grundsatz in seinen Werken, das heißt diese Annahme fand Eingang in die Philosophia Prima. Hobbes wandte sie auf die materielle Welt an, in der er zum Beispiel die Eigenschaften betrachtete, über die ein Körper verfügen würde, falls er aufs neue im leeren Raum geschaffen würde, und zog daraus die Schlußfolgerung, daß die Ausdehnung in diesem Falle die einzige Eigenschaft dieses Körpers wäre. Die Verallgemeinerung dieser Annahme bezüglich des Verhältnisses von Element und System zur Philosophia Prima und im weiteren zur Naturphilosophie, unterstützte insofern Hobbes' politisches Programm, als sie dazu beitrug, die gegensätzliche Sichtweise des Verhältnisses von Element und System zu untergraben. Diese Sichtweise, nach der das System in der Theorie den Elementen übergeordnet war, hatte die gesamte Philosophie, Gesellschaftstheorie und Naturwissenschaft des Mittelalters durchdrungen. Die Hobbesschen Theorien stellten einen Angriff auf die Vorstellung der Hierarchie dar, die im Mittelpunkt der gesellschaftlichen Verhältnisse im Feudalismus standen, der von drei Fronten ausging: der Philosophia Prima, der Sozialphilosophie und der Naturphilosophie.

Hobbes' politisches Programm war insofern erfolgreich, als die Verhältnisse von Element und System, die er zuerst in seiner Gesellschaftstheorie und anschließend auch in der Philosophia Prima und der Naturphilosophie einführte, allmählich allgemein anerkannt wurden. Freudenthal belegt dies, indem er sich nicht nur auf Newton, sondern auch auf andere große Denker wie zum Beispiel Jean-Jacques Rousseau und Adam Smith beruft. Möglicherweise läßt sich Freudenthals gesellschaftliche Erklärung für die allgemeine Anerkennung des Prinzips, daß ein Ganzes mittels der essentiellen Eigenschaften seiner Teile verstanden werden muß, wie folgt zusammenfassen: Dieses Prinzip wurde deshalb allgemein anerkannt, weil es zum einen den Interessen derer diente, die es für sich annahmen und verbreiteten, und zum anderen weil es, unter Berufung auf den Charakter der Tauschverhältnisse innerhalb des in zunehmendem Maße wichtiger werdenden Marktes sowie durch Heranziehung mechanischer Analogien wie zum Beispiel die Erklärung der Eigenschaften einer Uhr mittels der Eigenschaften ihrer Teile, auf überzeugende und unkomplizierte Art und Weise veranschaulicht werden konnte.

Sofern man Freudenthals Ausführungen als angemessen erachtet, haben wir nun einen Punkt erreicht, an dem wir verstehen können, warum Newton die These, daß ein System mittels der essentiellen Eigenschaften seiner Elemente verstanden werden kann, für sich übernahm und als gegeben voraussetzte. Freudenthal geht in seiner Analyse sogar noch weiter und zeigt, auf welche Weise einige Details in Newtons Philosophia Prima ausgearbeitet wurden und wie eine Verbindung zwischen der von ihm geprägten Wissenschaft und der individualistischen Gesellschaftsauffassung hergestellt wurde. In seinen philosophischen Ausführungen argumentiert Newton, daß uns die Erfahrung des willentlichen Bewegens eines unserer Gliedmaßen die Tatsache evident macht, daß wir als Menschen Willensfreiheit besitzen, wohingegen die Materie selbst träge ist. Durch diese Argumentation stellte Newton sowohl den Begriff der Freiheit als essentielle Eigenschaft von Individuen als auch den der Trägheit als essentielle Eigenschaft von Materie als gegeben fest.

Weitere Aspekte der Gesellschaftsanalyse haben ihre Wurzeln in den spezifischen gesellschaftlichen Verhältnissen, denen sich Newton gegenübersah. Die von Hobbes angestrebte Gesellschaft der freien und gleichen Warenbesitzer ist niemals Wirklichkeit geworden. Statt dessen entstand die kapitalistische Gesellschaft, in der ein Großteil des Bodens und anderer Produktionsfaktoren einer kleinen Minderheit gehörte. All dies kam jedoch nicht ohne politische Auseinandersetzung zustande, die unter anderem zur Unterdrückung der „Leveller" führte. Newton selbst nahm dabei eine sehr parteiische Haltung ein. Auf dem Höhepunkt dieser, in England stattfindenden, Auseinandersetzungen kam es zu einem Kompromiß mit dem König. Die begrenzte Macht, die dem Souverän blieb, wurde damit begründet, daß sie für die Aufrechterhaltung einer Gesellschaftsordnung unbedingt notwendig sei und daß diese andernfalls nicht bestehen könne. Tatsächlich kann nun das System, in diesem speziellen Falle die Gesellschaft, nicht völlig durch Rückgriff auf die essentiellen Eigenschaften seiner Elemente erklärt werden. Ein Eingreifen von außen ist erforderlich. Genau die gleiche Situation finden wir in der Physik Newtons dargestellt. Die physikalischen Eigenschaften des Weltsystems können nicht auf die physikalischen Eigenschaften von Masseteilchen beziehungsweise Korpuskeln zurückgeführt werden, aus denen es sich zusammensetzt. Aufgrund der inelastischen Kollisionen von Korpuskeln und aufgrund von willensgesteuerten Bewegungen kann die Gesamtheit der Bewegung nicht automatisch erklärt werden. Ebensowenig kann – wie bereits festgestellt – auch die Gravitation durch Rückgriff auf die essentiellen Eigenschaften von Körpern erklärt werden. In beiden Fällen berufen sich Newton und seine Anhänger auf Eingriffe Gottes in das System. Gott regiere das Universum wie ein König den Staat. Ich akzeptiere Freudenthals allgemeine Darstellung zur Entstehung der individualistischen Gesellschaftstheorien als Reaktion auf gesellschaftliche Veränderungen und zur Herausbildung eines allgemeinen philosophischen Prinzips, nämlich daß ein Ganzes durch die Eigenschaften seiner Teile erklärt werden kann. Aus Freudenthals Darstellung geht jedoch klar hervor, daß vieles sowohl auf Hobbes als auch auf Newton angewendet werden kann. Da sich jedoch die Physik

Hobbes' deutlich von der Newtons unterschied – so verfügten zum Beispiel nach Hobbes Partikel ausschließlich über die essentielle Eigenschaft der Ausdehnung – mußten zusätzliche Kriterien zur Ergänzung des reinen Individualismus oder Atomismus erarbeitet werden, um Freudenthals gesellschaftlicher Erklärung Gültigkeit zu verleihen. Wie bereits gezeigt, ergänzt Freudenthal seine Erklärung durch einige Einzelheiten der philosophischen Auffassung Newtons vom freien Willen sowie Newtons Sicht Gottes als Herrscher über die Welt. Beide Sichtweisen können auf Aspekte der politischen Haltung Newtons bezüglich gesellschaftlicher Themen seiner Zeit zurückgeführt werden. Diese Sichtweisen Newtons wurden tatsächlich von jenen puritanischen Anglikanern und Whig-Politikern bereitwillig angenommen, die eine vergleichbare Stellung innehatten und eine der Newtons sehr nahekommende politische Haltung einnahmen (Jacob, 1976). Sie wurden jedoch bei weitem nicht von allen anerkannt. Meiner Meinung nach sollten sie bestenfalls als ideologische Ausweitung der Physik Newtons betrachtet werden, nicht jedoch als Bestandteil derselben. Diese Ansicht wird dadurch erhärtet, daß einige Physiker in der Lage waren, sich der Aspekte der Newtonschen Physik, die Freudenthal unter gesellschaftlichen Gesichtspunkten zu erklären versuchte, auf gänzlich andere Weise zu bedienen. So wich zum Beispiel Clerk Maxwell in erheblichem Maße von der „Elementar-Partikel-These" ab, als er sich bei der Entwicklung seiner Theorie des elektromagnetischen Feldes, in der lokalisierte Phänomene durch die mechanischen Eigenschaften eines kontinuierlichen, alles durchdringenden materiellen Mediums verstanden werden, die Newtonsche Mechanik zunutze machte. Thomson und Tait (1879, S. 222) wandten sich von der Newtonschen Auffassung der Trägheit der Materie ab und erkannten ihr „eine inhärente Fähigkeit, sich äußeren Einflüssen zu widersetzen", zu.

Freudenthals Analyse kann nicht als eine gesellschaftliche Erklärung für den kognitiven Gehalt erfolgreicher Wissenschaft angesehen werden. Im übrigen erhebt Freudenthal auch keinesfalls diesen Anspruch. Er unterscheidet explizit zwischen jenen Aspekten der „Principia" die wissenschaftlich zu beweisen sind, wie zum Beispiel die Bewegungsgesetze, und denen, für die dies nicht zutrifft. Eben diese zweite Gruppe versucht er, unter gesellschaftlichen Aspekten zu erklären. Dem könnte entgegengesetzt werden, daß es ja sehr einfach sei, im nachhinein zwischen den guten und schlechten Aspekten der Physik Newtons zu unterscheiden. Man könnte nun rein theoretisch davon ausgehen, daß die von Freudenthal unter gesellschaftlichen Aspekten erklärten Annahmen nun schließlich doch bewiesen seien und daß es durch die moderne Wissenschaft heute möglich sei, Bewegung in Relation zum absoluten Raum zu messen sowie die Newtonschen Korpuskeln aufzuspüren und zu zählen. Meiner Meinung nach wäre eine angemessene Antwort, daß gewisse Annahmen zwar ihren Ursprung in den gesellschaftlichen Veränderungen und der Gesellschaftstheorie des 17. Jahrhunderts hatten, sie jedoch erst Jahrhunderte später eine adäquate wissenschaftliche Interpretation und Rechtfertigung erfuhren. Diese Situation wäre dann mit jener vergleichbar, welche die Innovationen Darwins bis zu den Werken Malthus' und auch zu der gesellschaftlichen Situation zurückverfolgte, die sie inspirierte.

Freudenthals Analyse der von Newton verfaßten „Principia", die von mir als Beispiel herangezogen wurde, da sie die beste, sorgfältigste und detaillierteste mir zugängliche gesellschaftliche Erklärung von Wissenschaft ist, kann nicht als eine erfolgreiche gesellschaftliche Erklärung des kognitiven Gehalts guter Wissenschaft betrachtet werden.[4] Jedoch soll dadurch die Bedeutung und der Wert dieser oder anderer vergleichbarer Studien keineswegs geschmälert werden. Soweit ihr dies gelingt, zeigt Freudenthals Analyse, wie leicht Annahmen, die gesellschaftliche und politische Ursprünge haben und gesellschaftlichen und politischen Interessen dienen, unter dem Vorwand der Wissenschaftlichkeit Eingang in die Wissenschaft finden. Nicht einmal Newtons „Principia", von der man annehmen könnte, daß sie ein ganz hervorragendes Beispiel für reine Wissenschaft darstellt, war frei von solchen Einflüssen. Man kann also damals wie heute keineswegs davon ausgehen, daß all das, was im Namen der Wissenschaft vorgebracht wird und angeblich ihren Interessen dient beziehungsweise einen Beitrag zur Verfolgung ihrer Ziele leistet, diesem Anspruch auch tatsächlich gerecht wird.

7.3 Abschließende Bemerkungen

An dieser Stelle scheint es angebracht, die Ergebnisse meiner Kritik an der Wissenschaftssoziologie, wie ich sie in diesem und den vorhergehenden Kapiteln geübt habe, mittels einiger allgemein gehaltener Bemerkungen zusammenzufassen.

Die natürliche Welt verhält sich stets gleich, egal ob es sich um Kapitalisten oder Sozialisten, Männer oder Frauen, westliche oder östliche Kulturen handelt. Ein großflächiger Atomkrieg, der durch die moderne Wissenschaft erst möglich geworden ist, würde uns alle – unabhängig von unserer gesellschaftlichen Stellung, unserem Geschlecht und unserer kulturellen Zugehörigkeit – gleichermaßen vernichten. Läßt sich jedoch aus solchen Platitüden der Schluß ziehen, daß – immer dann, wenn die Wissenschaft versucht, Verallgemeinerungen zu formulieren, welche die natürliche Welt angemessen beschreiben – die Angemessenheit derartiger Verallgemeinerungen relativ unabhängig von den Neigungen und Interessen der Individuen und Gruppen ist, die diese Verallgemeinerungen formulieren und propagieren?

---

[4] Ich widerspreche Freudenthal nur in einem Punkt. Diejenigen Argumente Newtons, die Freudenthal durch die Einführung der „Elementar-Partikel-These" als stichhaltig darzustellen versucht, erfordern lediglich, daß die Partikel dieselbe Dichte aufweisen, nicht jedoch daß sie, wie Freudenthal nachdrücklich fordert, auch die gleiche Größe haben müssen. Zudem deutet die von Newton im Zusammenhang mit den Partikeln verwandte Pluralform von „vis inertia" (*Schwerkräfte*) darauf hin, daß er sie keineswegs alle als gleich groß annahm. Diese Berichtigung der Argumentation Freudenthals schmälert jedoch keineswegs deren Aussagekraft, weshalb ich auch meine Kritik nur in Form einer Fußnote vorbringen möchte.

Die radikalen Soziologen, denen daran gelegen ist, eine skeptische Sichtweise der Wissenschaft zu verteidigen, könnten auf obige Beobachtungen wie folgt reagieren. Die Auffassung von Verallgemeinerungen über die Welt, deren Angemessenheit unabhängig ist von den sozialen Charakteristika der Individuen oder Gruppen, die diese formulieren und verteidigen, ist bestenfalls eine utopische Vorstellung beziehungsweise im ungünstigsten Falle ein unsinniges Ideal. Der Anspruch auf Wissenschaftlichkeit und die in diesem Zusammenhang angeführten Beweise sowie die Kriterien, aufgrund derer er beurteilt wird, sind ein Produkt der Gesellschaft und als solche unweigerlich von gesellschaftlichen Interessen beeinflußt. Da wir nun einmal auf die eine oder andere Weise Geschöpfe der Gesellschaft sind und uns bestimmte Verfahren zur Konstruktion und zur Überprüfung von Wissen zur Verfügung stehen, fließen Interessen wie zum Beispiel Klasseninteressen zwangsläufig in die Wissenschaft ein.

In diesem Lichte können die Behauptungen der Soziologen als empirische Behauptungen verstanden werden. Als solche halte ich sie jedoch für falsch. Ich wage zu behaupten, daß die *Scientific community* in der Lage gewesen ist, Verfahren und Techniken zu entwickeln, mittels derer sie Ansprüche auf Wissenschaftlichkeit konstruieren und prüfen konnte, die in objektiver Weise dem Ziel der Wissenschaft dienen konnten und dies auch in vielen Fällen taten. Die von mir in Kapitel 4 und 5 dargelegte Betrachtung von Beobachtungen und Experimenten sollte veranschaulichen, wie objektive Überprüfungsmethoden zur Angemessenheit von Ansprüchen auf Wissenschaftlichkeit in der Praxis erstellt werden können. Wie von mir nachgewiesen wurde, sind sie in eben dieser Form von jenen Skeptikern selbst zur Unterstützung ihres Standpunktes herangezogen worden. Ich habe zum Beispiel gezeigt, wie die Transformationen der von Galilei aufgestellten Fakten und Normen, die von Feyerabend zur Untermauerung seines radikalen Skeptizismus herangezogen wurden, vom Standpunkt der Zielsetzung von Wissenschaft aus objektiv als ein Schritt in die richtige Richtung verstanden werden können. Des weiteren sei angeführt, daß die Ablehnung der experimentellen Behauptungen Webers in bezug auf Gravitationswellen, die Collins dazu verwendete, den Weg aufzuzeigen, auf dem gesellschaftliche und politische Interessen von außen in die Wissenschaft einfließen, verstanden werden kann als ihr Unvermögen, objektiven Tests und berechtigter Kritik standzuhalten. Webers Ausführungen führten in eine Sackgasse. Objektive Fortschritte in Richtung der Zielsetzung der Wissenschaft können erzielt werden und wurden auch tatsächlich erzielt, was weder heißen soll, daß dies unter allen Umständen möglich ist, noch, daß dies durch unveränderte Verfahren oder in bezug auf unveränderte Normen erreichbar ist.

Soziologische Fallstudien, wie die in diesem Kapitel beschriebenen, zeigen, auf welche Weise Interessen, die *nicht* der Zielsetzung der Wissenschaft dienen, die praktische wissenschaftliche Arbeit beeinflussen können. Es gibt keinen Grund, in selbstgefälliger Manier anzunehmen, daß die praktische wissenschaftliche Arbeit auch tatsächlich in einer Weise vonstatten geht, die einzig und allein oder zumindest größtenteils von dem Ziel geprägt ist, adäquate Erkenntnis hervorzubringen. Die wissenschaftliche Praxis ist zwangsläufig mit anderen Bereichen verbunden, in denen andere Zielsetzungen verfolgt werden und die anderen Interessen dienen. Meiner Meinung nach kann ein adäquates Verständnis dieser Situation wohl kaum dadurch erleichtert werden, daß die recht deutliche Unterscheidung zwischen dem Ziel, zu adäquater wissenschaftlicher Erkenntnis zu gelangen einerseits, und anderen Zielen andererseits einfach ignoriert beziehungsweise angezweifelt wird.

8

Die gesellschaftliche und politische Dimension der Wissenschaft

8.1 Einleitende Bemerkungen

Im wesentlichen läßt sich meine Haltung gegenüber extrem relativistischen oder skeptischen Wissenschaftsanalysen wie folgt zusammenfassen. Ziel der Naturwissenschaften ist es, unser allgemeines Wissen über die Funktionsweise der natürlichen Welt zu erweitern und zu verbessern. Ob unsere Versuche in dieser Richtung adäquat sind, läßt sich beurteilen, indem wir unsere Theorien an der realen Welt messen, und zwar unter Heranziehung der anspruchsvollsten empirischen und experimentellen Prüfstrategien, die uns zur Verfügung stehen. Obwohl es keine universelle Methode oder eine festgesetzte Menge von Normen gibt, welche die Suche nach Wissen determinieren, und darüber hinaus jederzeit die Möglichkeit besteht, daß dieses Ziel durch den unbemerkten Einfluß anderer Interessen mit anderen Zielsetzungen vereitelt wird, kann das Ziel der Wissenschaft dennoch erreicht werden. Dies ist in der Realität bereits häufig der Fall gewesen. Die natürliche Welt ist so wie sie ist – unabhängig von der gesellschaftlichen Stellung, der ethnischen Zugehörigkeit oder dem Geschlecht derjenigen, die sie zu begreifen versuchen. Ebenso sollte auch die wissenschaftliche Leistung der Theorien, die unsere Versuche, die Welt zu erklären, darstellen, in gleicher Weise unabhängig von obigen Faktoren sein. Trotz des gesellschaftlichen Charakters jeglicher praktischer wissenschaftlicher Arbeit sind in der Praxis dennoch Methoden und Strategien zur Konstruktion objektiven, wenngleich auch fehlbaren und noch ausbaufähigen Wissens über die natürliche Welt entwickelt und erfolgreich angewendet worden.

Abgesehen von der Ablehnung der universellen Methode und der Erkenntnis, daß Wissenschaft fehlbar ist und die wissenschaftliche Praxis inhärent gesellschaftlich geprägt ist, können die oben angeführten Bemerkungen auch in ausgesprochen konservativer Weise verstanden werden. Im Sinne dieser Bemerkungen könnte man schließen, daß ich die politische und soziale Analyse wissenschaftlicher Praxis im strengen Sinne nicht für zulässig halte und daß meiner Meinung nach in der modernen Wissenschaft alles in bester Ordnung sei und auch so bleibe, vorausgesetzt, die moderne Wissenschaft behalte ihren autonomen Status und sei vor politischen und gesellschaftlichen Einflüssen sicher. Dies liegt mir jedoch fern, und so möchte ich in diesem letzten Kapitel versuchen, solche Fehlinterpretationen zu beseitigen.

8.2 Objektive Möglichkeiten und individuelle Wahl

Kurz gesagt geht es mir um folgendes. Während die Zielsetzung der Wissenschaft von anderen Zielsetzungen und epistemologische Bewertungen von Bewertungen anderer Art unterschieden werden können, ist es unmöglich, die wissenschaftliche Praxis, die zur Verfolgung dieser Zielsetzung dient, von anderen Tätigkeiten, die wiederum andere Zielsetzungen verfolgen, zu trennen. Einer Begründung dieser Annahme nähere ich mich aus einer vielleicht unüblich erscheinenden Richtung, nämlich durch die Kritik an der grundsätzlichen Rolle, die der individuellen Wahl in der wissenschaftlichen Praxis und im wissenschaftlichen Fortschritt typischerweise beigemessen wird. Zur Einstimmung möchte ich eine autobiographische Anekdote zum besten geben.

Als ich etwa fünf Jahre alt war, wurde mein Vater an einem Samstag kurz vor Weihnachten in die Stadt geschickt, um Weihnachtseinkäufe zu machen, und ich sollte ihn begleiten. Mein Vater war von den Widrigkeiten und Verantwortlichkeiten des Einkaufens nicht eben angetan, und so war die Atmosphäre äußerst gespannt. Zu seinen väterlichen Pflichten gehörte es, ein Weihnachtsgeschenk für mich zu erwerben. Dieser Pflicht entledigte er sich, indem er mich bei Woolworth an einen Tisch mit Spielsachen zum Preis von je zwei Schilling schob und mich etwas aussuchen ließ. Mit einiger Bestürzung stellte ich fest, daß ich nur unter wenig einladenden Spielsachen wählen konnte. Schließlich entschied ich mich für einen etwas langweiligen Spielzeugzug. Wir gingen nach Hause zurück – Vater hatte die ihm übertragenen Aufgaben erfüllt, und meine Hoffnungen in bezug auf Weihnachten waren gänzlich zunichte gemacht. Angesichts der verschiedenen Einkäufe kamen meiner Mutter Zweifel, und sie fragte sich, ob das Geschenk für mich das Richtige sei. „Das hat er sich selbst ausgesucht", lautete die schnelle Antwort meines Vaters. Zu jener Zeit waren meine rationalen Fähigkeiten noch zu wenig entwickelt, als daß ich hätte beschreiben können, wie betrogen ich mich fühlte, aber in meinem Inneren wußte ich, daß man mich betrogen hatte. Vielleicht rührt daher mein ödipaler Drang zur Philosophie. In jedem Falle ist die Moral von dieser Geschichte jene, daß alle wichtigen Determinanten bereits gegeben sind, wenn ein Individuum eine Entscheidung trifft.

In der orthodoxen Wissenschaftsphilosophie herrscht eine meiner Meinung nach unangemessene Überbetonung der Theorienwahl vor. Üblicherweise wird vorausgesetzt, daß die Frage, warum eine Theorie eine konkurrierende Theorie ablöst, durch eine rationale Wahl der Wissenschaftler erklärt werden kann. Theorienwechsel wird gleichgesetzt mit Theorienwahl. Diese Gleichsetzung ist meiner

Meinung nach irreführend und unangemessen. Sicherlich treten bei dem Versuch, die Kriterien der Theorienwahl zu bestimmen[5], Schwierigkeiten auf, und es konnte bis heute kein Konsens zwischen den Philosophen erzielt werden, die dies versucht haben. Wissenschaftler selbst haben in der Regel Schwierigkeiten zu begreifen, welcher Art dieses Problem ist, und sind erst recht nicht in der Lage, eine Lösung dafür zu finden. Meiner Meinung nach existiert das Phänomen, daß Wissenschaftler unter Anwendung rationaler Kriterien zwischen konkurrierenden Theorien wählen, größtenteils nur in der Vorstellung der analytisch vorgehenden Philosophen. Wissenschaftler führen Experimente durch, deduzieren die Ergebnisse von Theorien, vergleichen sie mit denen konkurrierender Theorien, modifizieren sie angesichts von Problemen etc., wie ich dies bereits an anderer Stelle ausgeführt habe (Chalmers, 1999, S. 118):

> „Viele Wissenschaftler tragen in ihrer speziellen Weise und mit ihren jeweiligen speziellen Fähigkeiten zur Entwicklung und Erforschung der Physik bei, gerade so, wie viele Arbeiter ihre Kräfte bei der Erbauung einer Kathedrale vereinigen. Und genau wie ein rundum zufriedener Turmarbeiter in seiner Glückseligkeit nichts von der Bedeutung irgendwelcher Entdeckungen mitbekommt, die andere Arbeiter bei Erdaushebungen im Bereich des Fundaments der Kathedrale machen, so kann sich ebenso ein überlegener Theoretiker in seinem Elfenbeinturm der Bedeutung von irgendwelchen experimentellen Befunden für die Theorie, mit der er arbeitet, nicht bewußt sein."

Auf welche Weise kommen nun Theorienwechsel und wissenschaftlicher Fortschritt als Ergebnis dieses Handelns zustande? An anderer Stelle (Chalmers, 1979; 1980) wurde von mir bereits der Begriff des „Fruchtbarkeitsgrades" einer Theorie zur Beantwortung obiger Frage eingeführt. Mit diesem Begriff meine ich das Ausmaß, in dem eine Theorie Möglichkeiten zur Entwicklung in einem bestimmten praktischen oder theoretischen Kontext bietet und in dem sie Erkenntnisfortschritte eröffnet, die real möglich sind, vorausgesetzt, daß die entsprechenden theoretischen und experimentellen Möglichkeiten zur Verfügung stehen. Diese Auffassung ermöglicht uns, den Theorienwechsel in etwa folgender Weise zu beschreiben.

Angenommen, Theorie B trete in Konkurrenz zu Theorie A. Zudem sei davon ausgegangen, daß es genügend Wissenschaftler mit geeigneten Fähigkeiten, Möglichkeiten und entsprechender geistiger Disposition gibt, die für eine Auseinandersetzung mit den konkurrierenden Theorien erforderlich sind. Dies vorausgesetzt, wird man wahrscheinlich früher oder später von den gegebenen Entwicklungsmöglichkeiten Gebrauch machen. Falls nun Theorie B erwiesenermaßen

---

[5] Thomas Kuhn (1977b) nennt einige der Probleme im Zusammenhang mit Versuchen, den wissenschaftlichen Fortschritt im Sinne einer Wahl auf der Basis von rationalen Kriterien zu verstehen, wenngleich sein Lösungsvorschlag für dieses Problem sich recht deutlich von meinem unterscheidet

mehr Entwicklungsmöglichkeiten bietet als Theorie A und vorausgesetzt, daß einige dieser Möglichkeiten, wenn sie tatsächlich eingesetzt werden, auch zu Ergebnissen führen, wird letztendlich – als logische Konsequenz – Theorie B weiterentwickelt werden, während Theorie A stagniert. Diese Analyse wissenschaftlicher Praxis ähnelt einer Darstellung der wirtschaftlichen Entwicklung in einer (hypothetischen) uneingeschränkten kapitalistischen Gesellschaft. In einer solchen Gesellschaft, in der die wirtschaftliche Entwicklung nicht durch einen allgemeinen rationalen Plan kontrolliert wird, kann diese mittels der objektiven Möglichkeiten, einen Gewinn zu erwirtschaften, sowie durch die Art und Weise, in der diese Möglichkeiten genutzt werden, verstanden und erklärt werden. Betrachtet man den Theorienwechsel in der von mir vertretenen Weise, ist es zum Beispiel durchaus einleuchtend, warum Fresnels Version der Wellentheorie des Lichts die Partikeltheorie um das Jahr 1830 ablöste, wohingegen der Youngschen Version der Wellentheorie dieser Erfolg 30 Jahre früher versagt geblieben war. Entwicklungen im Bereich der mathematischen Verfahren zur Berechnung von Wellen in einem elastischen Medium, die in den ersten Jahrzehnten des 19. Jahrhunderts erzielt wurden, führten dazu, daß Fresnel – im Gegensatz zu Young – objektive Möglichkeiten zur Weiterentwicklung der Wellentheorie zur Verfügung standen. Um eine Erklärung für den Triumph der Wellen- über die Korpuskulartheorie geben zu können, ist es nicht erforderlich, die Ansicht jener Wissenschaftler heranzuziehen, die sich – bestens ausgerüstet mit rationalen Kriterien zur Theorienwahl – zu Beginn des 19. Jahrhunderts rational für die Beibehaltung der Korpuskulartheorie entschieden, sich dann jedoch ab 1830 für die Wellentheorie aussprachen (Worrall, 1976).

In „Die Fabrikation von Erkenntnis" von der Soziologin Karin Knorr-Cetina (1984, S. 30f.), einem Buch aus einem Bereich, in dem ich keine Resonanz hinsichtlich der von mir vertretenen, im allgemeinen jedoch ziemlich vernachlässigten Vorstellungen zum Theorienwechsel erwartet hätte, wird uns ein lehrreicher Einstieg in die gesellschaftliche und politische Dimension der wissenschaftlichen Praxis vermittelt. Die folgende Passage, die ich zum Teil schon in den Kapiteln 5 und 6 zitiert habe, stammt aus diesem interessanten und aufschlußreichen Buch (Knorr-Cetina, 1984, S. 30f.):

„Wir haben gehört, daß Bewertung beziehungsweise Akzeptierung in der Praxis als Prozeß der Konsensbildung gesehen werden, wobei der Prozeß als 'rational' oder als 'sozial' qualifiziert wird, je nach der disziplinären Herkunft der Interpreten. Aber ob nun rational oder sozial, der Vorgang wird als *Meinungsbildungsprozeß* verstanden und als solcher aus dem Prozeß der Wissensproduktion selbst herausgenommen. ... Wo aber finden wir den Prozeß der Beurteilung von Erkenntnisansprüchen, wenn nicht in umfassendem Ausmaß im *Labor selbst*? Wenn nicht im Bereich der Forschungsentscheidungen, durch die ein früheres Ergebnis, eine Methode oder eine vorgeschlagene Interpretation ausgewählt und in neue Resultate eingebaut werden? Was ist der Prozeß der

Wissensakzeptierung, wenn nicht ein Prozeß *selektiver Inkorporation* früherer Resultate in die laufende Forschungsproduktion? Ihn als Meinungsbildungsprozeß zu sehen, ruft eine Reihe irriger Vorstellungen hervor. So haben wir zum Beispiel keinen Zugang zur allgemeinen oder durchschnittlichen Meinung relevanter Wissenschaftler, unabhängig von deren Forschungsentscheidungen, noch besitzen wir Wissenschaftsgerichtshöfe, in denen solche Meinungsbildungsprozesse quasi objektiv abgewickelt werden könnten. Da die Beziehung zwischen Meinungen und tatsächlichem Handeln ungeklärt ist, wäre mit den entsprechend aggregierten Meinungen auch gar nichts anzufangen: Präferenzen im weiteren Forschungsprozeß könnten damit jedenfalls nicht konsistent vorausgesagt werden. Womit wir in der Praxis konfrontiert sind, ist eben nicht ein Meinungsbildungsprozeß, sondern die *Erhärtung* bestimmter Erkenntnisansprüche durch kontinuierliche Eingliederung in die laufende Forschung. Dies bedeutet aber, daß der Ort dieser Erhärtung der Entstehungszusammenhang (*context of discovery*) von Wissen ist oder ... die *Selektionen* durch die Wissensprodukte im Labor generiert werden."

Wenn man Knorr-Cetinas Gebrauch des Begriffs der „Meinungsbildung" mit meinem Gebrauch des Begriffs der „rationalen Theorienwahl" gleichsetzt, so läßt sich – meiner Meinung nach – eine deutliche Übereinstimmung unserer Standpunkte feststellen. Während ich die Auffassung vertrete, daß eine Theorie dann erfolgreich ist, wenn die objektiven Möglichkeiten, die sie für die Forschung eröffnet, genutzt werden, vertritt Knorr-Cetina die Ansicht, daß ein Erkenntnisanspruch in dem Maße erhärtet wird, in dem er in die laufende Forschung eingegliedert wird. Es besteht jedoch ein grundlegender Unterschied zwischen der jeweiligen Art und Weise, in der wir unsere Standpunkte entwickeln. Lehnen wir uns an Knorr-Cetinas Vorgehensweise an, so gewinnen wir Einblicke in die gesellschaftliche Dimension der wissenschaftlichen Praxis.

Ein Unterschied zwischen unseren jeweiligen Ansätzen besteht darin, daß Knorr-Cetina sich auf Mikrostudien im Labor konzentriert, während ich mich mit makrotheoretischen Aspekten wie zum Beispiel der Ersetzung der Korpuskulartheorie durch die Wellentheorie des Lichtes auseinandergesetzt habe. Ein weiterer Unterschied unserer Ansätze liegt darin, daß Knorr-Cetina die von mir bei meiner Darstellung des Theorienwechsels um der wissenschaftlichen Argumentation willen getroffene Annahme nicht als gegeben voraussetzt, nämlich die Annahme, daß es immer Wissenschaftler mit geeigneten Fähigkeiten und Möglichkeiten geben wird, welche die Forschungsmöglichkeiten nutzen. Die Forschungsrichtungen, die einem Wissenschaftler oder einer Gruppe von Wissenschaftlern in der Praxis offenstehen, hängen von einer Reihe eher zufälliger Faktoren ab wie zum Beispiel dem Zugang zu der erforderlichen Ausrüstung, den Arbeitsmaterialien und zur entsprechenden Fachliteratur sowie dem Vorhandensein von qualifizierten Hilfskräften und finanziellen Mitteln. Geht man der Frage nach, auf welche Weise die für die Forschung notwendigen materiellen und gesellschaftlichen Voraussetzungen im allgemeinen oder in spezifischen Situationen erfüllt werden können, so wird sehr bald deutlich, inwieweit wissenschaftliche Praxis weitreichendere gesellschaftliche und politische Aspekte umfaßt und nicht von ihnen getrennt werden kann.

8.3 Politik und wissenschaftliche Praxis

Die Faktoren, die der Bereitstellung der für die wissenschaftliche Arbeit notwendigen materiellen Voraussetzungen zugrunde liegen, umfassen eine große Bandbreite von Interessen jenseits der Produktion wissenschaftlicher Erkenntnis. Dieser Sachverhalt wird von Bruno Latour (1987, S. 153ff.) dargestellt. In einem eindrucksvollen Kapitel vergleicht Latour unter anderem die tagtägliche Arbeit einer Wissenschaftlerin in einem führenden Labor Kaliforniens mit der des Laborleiters, den er als den „Boß" bezeichnet. Die Wissenschaftlerin sieht sich selbst als an der Weiterentwicklung reiner Wissenschaft interessiert, nicht jedoch an politischen oder umfassenden gesellschaftlichen Belangen. Sie versucht, zu Regierung und Industrie Abstand zu bewahren, damit die Reinheit ihrer Forschungsarbeit gewährleistet ist. Im Gegensatz zu ihr ist ihr „Boß" ständig auf allen Ebenen politisch aktiv und erntet dafür häufig die Verachtung der Wissenschaftlerin.

Das Beispiel Latours beschreibt die Erforschung einer neuen Substanz namens Pandorin, die verspricht, von großer physiologischer Bedeutung zu sein. Hier eine Liste der Aktivitäten einer typischen Woche des „Bosses": Verhandlungen mit den wichtigsten Vertretern der Pharmaindustrie über mögliche Patentrechte an Pandorin; ein Treffen mit Vertretern des französischen Gesundheitsministeriums, bei dem die Möglichkeit erörtert wurde, ein neues Labor in Frankreich einzurichten; ein Treffen mit Vertretern der Nationalen Akademie der Wissenschaften, auf dem der „Boß" die Notwendigkeit begründet, eine neue Unterabteilung einzurichten; die Teilnahme an einer Sitzung bei der Fachzeitschrift „Endocrinology", bei der er darauf drängt, daß seinem Fachgebiet mehr Platz eingeräumt werden solle, und bei dem er sich über unqualifizierte Gutachter beschwert, die nur über unzureichende Kenntnisse in diesem Fachgebiet verfügen; ein Besuch im örtlichen Schlachthof, bei dem er eine Methode der Dekapitation von Schafen diskutiert, die den Hypothalamus in geringerem Maße schädigen würde; eine Lehrplansitzung an der Universität, auf der „der Boß" den Vorschlag unterbreitet, daß der neue Lehrplan ein größeres Angebot in den Bereichen Molekularbiologie und Informatik enthalten solle; eine Zusammenkunft mit einem schwedischen Wissenschaftler, bei der über dessen jüngst entwickelte Instrumente zur Erkennung von Peptiden und mögliche Strategien, diese Instrumente zu entwickeln, gesprochen wurde; eine Rede vor der Gesellschaft der Diabetiker.

Latours Beschreibung folgend, werfen wir nun einen Blick darauf, wie die Arbeit der Wissenschaftlerin einige Zeit später aussieht: So konnte sie zum Beispiel dank einer Zuwendung der Gesellschaft der Diabetiker eine neue Fachkraft einstellen, zudem stehen ihr zwei Hochschulabsolventen zur Seite, die sich dank der vom „Boß" angeregten Universitätsveranstaltungen diesem Bereich der Wissenschaft zugewandt haben. Ihre Forschungstätigkeit hat von den besseren Hypothalamusproben profitiert, die sie aus dem Schlachthof bezieht und von einem neuen, kürzlich aus Schweden eingetroffenen, hochempfindlichen Instrument, das ihre Möglichkeit erhöht, winzige Spuren von Pandorin im Gehirn festzustellen. Die vorläufigen Ergebnisse ihrer Forschungsarbeit werden in einer neuen Rubrik der Zeitschrift „Endocrinology" veröffentlicht. Darüber hinaus denkt sie darüber nach, ob sie eine Stelle annehmen soll, die ihr von der französischen Regierung angeboten wurde und die mit der Einrichtung eines Labors in Frankreich verbunden ist.

Insoweit als die Wissenschaftlerin in Latours äußerst glaubhaftem Beispiel denkt, daß sie sich mit reiner Wissenschaft – unbehelligt von politischen und umfassenderen gesellschaftlichen Angelegenheiten – befaßt, täuscht sie sich. Wie die Aktivitäten des „Bosses" veranschaulichen, ist die Bereitstellung materieller Voraussetzungen, die notwendige Vorbedingung für ihre Forschung waren, nur durch politische Aktivitäten, die eine Reihe von gesellschaftlichen Interessen zum Ausdruck bringen, erreichbar. Eine Analyse dieses Aspekts der Wissenschaft führt unweigerlich zu einer Auseinandersetzung mit umfassenden gesellschaftlichen und politischen Belangen, die sich recht deutlich von der Zielsetzung der reinen Wissenschaft unterscheiden. Wenn man zum Beispiel in den USA der Herkunft von Mitteln in Forschungsbereichen der Physik auf den Grund geht, stößt man häufiger als man denkt auf Interessen des Militärs und des Verteidigungsministeriums an der Entwicklung moderner Waffensysteme. E. L. Woollett (1980, S.109) stellt dies in seinem höchst aufschlußreichen Artikel wie folgt dar: „Jeder Leser des vom Verteidigungsminister herausgegebenen Jahresberichts, der über genügend physikalische Kenntnisse verfügt, wird bemerken, wie eng der Fortschritt in der Wissenschaft mit dem 'Fortschritt' bei modernen Waffensystemen verbunden ist". Durch meine nachdrückliche Trennung zwischen Wissenschaft und anderen Tätigkeiten unterschiedlicher Zielsetzung bleibt den Soziologen noch ein nicht unerhebliches Feld für ihre Analysen.

Die bloße Tatsache, daß die wissenschaftliche Praxis nicht von anderen Bereichen, die anderen Interessen dienen, getrennt werden kann, bedeutet jedoch noch lange nicht, daß die Zielsetzung der Wissenschaft untergraben wird. Dies jedenfalls wird von Robert Merton (1973) in seiner etwas konservativen, funktionalistischen Analyse der institutionalisierten Organisation von Wissenschaft verdeutlicht. Merton versteht Wissenschaft als bestimmt durch Normen wie die des Universalismus, der Uneigennützigkeit, des Dialogs und des organisierten Skeptizismus, die das Ethos der modernen Wissenschaft ausmachen. Die Einhaltung dieser Normen soll der Wissenschaft förderlich sein. Der individuelle Wissenschaftler verfolgt darüber hinaus jedoch auch eigene Ziele und Interessen wie zum Beispiel den Erwerb von Reichtum, Ruhm oder Macht. Nach Merton wird die Zielsetzung der Wissenschaft mit den Zielen der Wissenschaftler mittels eines institutionalisierten, auf Belohnungen und Strafen basierenden Systems in Einklang gebracht. Auf diese Weise werden Wissenschaftler dazu gebracht, so zu handeln, daß dies den Interessen der Wissenschaft dient, da genau diese Art des Handelns jene Belohnung erbringt, die in ihrem eigenen Interesse ist. Natürlich sind in der wissenschaftlichen Praxis auch noch andere Interessen im Spiel wie zum Beispiel jene bestimmter Berufsgruppen sowie die Interessen von Regierungen und Industriemonopolen. In der Vernachlässigung dieser Interessen liegt eines der Defizite der Analyse Mertons. Dennoch gelingt es dieser Analyse, deutlich zu machen, daß Wissenschaft nicht automatisch durch andere Interessen untergraben wird. Darüber hinaus kann veranschaulicht werden, warum sich die Wissenschaft im Anschluß an die wissenschaftliche Revolution durch ein glückliches Zusammentreffen einiger Aspekte der Interessen der Wissenschaft und denen der Bourgeoisie so hervorragend weiterentwickeln konnte (vergleiche dazu auch Bartels & Johnston, 1984).

8.4 Grenzen der Wissenschaft

Anliegen dieses Buches war es, die Zielsetzung der Wissenschaft festzustellen und zu beschreiben sowie diese von anderen Bereichen mit anderen Zielsetzungen abzugrenzen. Hieraus sollte jedoch nicht geschlossen werden, daß ich die Zielsetzung der Wissenschaft als etwas absolutes, uneingeschränkt Gutes betrachte, das notwendigerweise höher als andere Ziele zu bewerten ist. Ein Beispiel soll dazu beitragen, unqualifizierte Verherrlichung von Wissenschaft einer etwas realistischeren Sichtweise gegenüberzustellen.

1815 erfand Humphrey Davy die sogenannte Grubenlampe. Zweifellos stellte diese Lampe das Ergebnis erfolgreicher, rein wissenschaftlicher Forschung dar (möglicherweise von Faraday durchgeführt), welche die Bestimmung des Zündpunktes von Methan und der Effektivität einer als Wärmedämmung fungierenden Drahtgaze beinhaltete. J. A. Paris, einer von Davys Biographen, bezeichnete diese erfolgreiche Forschungstätigkeit als „Stolz der Wissenschaft, Triumph für die Menschheit und Prunkstück unseres Zeitalters" (Albury & Schwartz, 1982, S. 13), und in jüngerer Zeit pries die Firma Union Carbide Chemicals and Plastics in einer Werbeaktion die Vorzüge der Forschung Davys und verglich die Beiträge Davys zur Menschheitsgeschichte mit ihren eigenen. „Letztendlich entzündete Humphrey Davy ein Licht für die Menschheit, und wir möchten nicht zusehen, wie es verlischt" (Albury & Schwartz, 1982, S. 13). Dies ist ein typisches Beispiel dafür, wie der immanente Wert der Wissenschaft dargestellt und verherrlicht wird.

Dennoch führt uns – wie Albury und Schwartz (1982) zeigen – eine nüchterne Betrachtung der tatsächlichen Geschichte dieser Episode zu einer wesentlich angemesseneren Einschätzung. Eine unmittelbare Auswirkung der Verwendung der Grubenlampe Davys in Bergwerken zeigte sich in einer erhöhten Anzahl von Explosionen und Todesfällen. Der Grund hierfür liegt auf der Hand. Aus der Sicht der Bergwerksbesitzer war das dringlichste Problem weniger die Sicherheit in den Gruben als vielmehr die Tatsache, daß die kohlereichen Schächte der Bergwerke aufgrund der Ansammlung von Methangas rasch unzugänglich wurden. Die Schwierigkeit, mit der sie auch Davy konfrontierten, bestand darin, Bergleute dazu zu bewegen, in die gefährlichen, mit Methangas angefüllten Schächte zu steigen. Die Forschungstätigkeit Davys bot eine Lösungsmöglichkeit, doch seine Lampe wies natürlich noch beachtliche Mängel auf. Es bestand die Möglichkeit, daß sich die Gaze lösen und die Flamme durch Luftbewegungen aus der Gaze herausgeblasen werden konnte, woraufhin auf der Lampe befindliche Kohlepartikel zu glühen begannen. Die Bergleute erkannten, daß das dringlichste Problem in den Bergwerken darin bestand, für ausreichende Belüftung zu sorgen. Ihnen wurde klar, daß der Grund für die meisten Todesfälle nach einer Explosion das Ersticken an Kohlenmonoxyd und Kohlendioxid war, die in der Explosion entstanden waren. Sie schlugen Schutzmaßnahmen wie das Ausheben zusätzlicher Schächte vor. Ihre Vorschläge wurden jedoch kaum berücksichtigt – vermutlich aus Kostengründen. Man hätte es den Bergleuten nicht verdenken können, wenn sie jeder Behauptung dahingehend, daß Fortschritte in der Wissenschaft uneingeschränkt positiv zu bewerten seien, skeptisch gegenübergestanden hätten.

Vergleichbare Situationen gibt es auch heute. Angesichts der nachteiligen Auswirkungen wissenschaftlicher Forschung, wie zum Beispiel die atomare Vernichtung oder die etwas weniger verhängnisvolle Schädigung der Umwelt, ist in vielen Zusammenhängen die Behauptung völlig berechtigt, daß ein den gesellschaftlichen Bedürfnissen eher entsprechender Einsatz unserer wissenschaftlichen Erkenntnisse ein weitaus dringlicheres Problem darstellt als die Produktion zusätzlicher wissenschaftlicher Erkenntnis. Selbst wenn es angemessen ist, dem Erwerb von wissenschaftlicher Erkenntnis einen hohen Stellenwert einzuräumen, bleibt dennoch die Frage offen, welche der vielen möglichen Forschungsrichtungen eingeschlagen werden sollten. Darüber hinaus bleibt die Frage, welche Art der Wissenschaft wir uns zum Ziel setzen. Es steht außer Frage, daß eine wesentliche Antriebskraft für die Richtung, in die sich die westliche Wissenschaft entwickelt, von den wirtschaftlichen und militärischen Interessen von Regierungen und gemeinsamen Interessen multinationaler Konzerne herrührt. Viele von uns hegen den Wunsch, daß dies nicht der Fall sein möge und die Entwicklungsrichtung der Wissenschaft stärker im Einklang mit den Bedürfnissen und Interessen des einfachen Bürgers stünden. In jedem Falle muß die Wissenschaft unter Rückgriff auf andere Interessen und Wertvorstellungen bewertet und formuliert werden. Diese hier involvierten Bewertungen und politischen Auseinandersetzungen sind jedoch einer wissenschaftlichen Lösung nicht zugänglich.

Die zuletzt gemachte Anmerkung deutet darauf hin, wie wichtig es ist, die Grenzen und die Tragweite wissenschaftlicher Erkenntnis zu erfassen. Die von mir verteidigte Darstellung der Wissenschaften analysiert diese als spezifische Methoden und Normen umfassend, die in der wissenschaftlichen Praxis entwickelt werden, um konkreten Zielsetzungen gerecht zu werden. Wenn sie auf diese Weise verstanden werden, kann angenommen werden, daß eine große Anzahl von Problemen außerhalb ihrer Reichweite liegt. Selbst wenn wir die Diskussion auf das Verhalten der materiellen Welt beschränken, können wir begreifen, daß komplexe Situationen in der realen Welt nicht von einer vollständigen wissenschaftlichen Analyse erfaßt werden können, sofern wir uns vergegenwärtigen, in welchem Ausmaß die Stützung wissenschaftlicher Theorien Beweise heranzieht, die unter den künstlich geschaffenen Bedingungen eines kontrollierten Experiments erbracht wurden. Die moderne Wissenschaft ist zum Beispiel durchaus in der Lage, präzise Antworten auf Fragen zu geben wie der nach der Halbwertzeit von verschiedenen Komponenten radioaktiven Abfalls oder des Ausmaßes, in dem Borsilikatglas zerfällt, wenn es spezifischen Feuchtigkeitsgraden ausgesetzt wird. Sie kann jedoch die genauen Langzeitwirkungen des zu erwartenden Endresultats verschiedener Verfahren zur Beseitigung radioaktiven Abfalls wissenschaftlich nicht feststellen, da die wissenschaftlichen Erkenntnisse nicht darauf ausgerichtet sind, mit der Komplexität realer Situationen umzugehen, wie zum Beispiel jene, die sich ergeben, wenn radioaktiver Abfall in Behälter aus Borsilikatglas gefüllt wird und in unterirdischen Lagerstätten aufbewahrt oder in eine Planetenumlaufbahn gebracht wird! Zwar ist es wichtig anzuerkennen, daß wissenschaftliche Erkenntnis ein bedeutendes Hilfsmittel für unsere technischen, technologischen und umweltpolitischen Eingriffe in die Welt und für das Verstehen ihrer möglichen Auswirkungen darstellt, doch ist das Erkennen der Grenzen von Wissenschaft in dieser Beziehung ein notwendiges Korrektiv zu den Mystifizierungen und Übertreibungen, die üblicherweise die Behauptungen von Technokraten flankieren (vgl. zum Beispiel Lowe, 1987). /

Sobald man die Frage stellt, ob die verschiedenen technologischen Eingriffe wünschenswert sind und keine Gefahr darstellen, verläßt man den legitimen Bereich der Wissenschaft. Hierbei sollten in jedem Falle fortschrittsfeindliche Äußerungen über die Interessen der Menschheit im allgemeinen vermieden werden, die in unserem Beispiel für die übertriebene Verherrlichung der wissenschaftlichen Leistungen Davys enthalten waren. Statt dessen sollte die große Bandbreite der Interessen der verschiedensten Individuen, Gruppen und Gesellschaftsklassen erkannt und berücksichtigt werden, daß diese Interessen häufig miteinander in Konflikt geraten. Wenn zum Beispiel die Sicherheit eines geplanten Kernkraftwerkes fraglich ist, ist es von sehr großer Bedeutung, von wessen Standpunkt aus die Sicherheit dieses Kernkraftwerkes beurteilt wird: ob vom Standpunkt der Betreiber des Kernkraftwerkes, dem der Personen, die in ihm arbeiten beziehungsweise in der näheren Umgebung leben müssen, oder vom Standpunkt jener Industriellen, die durch dieses Kernkraftwerk in den Genuß billiger und reichlich vorhandener Elektrizität kommen werden. Der Versuch, aus dieser Risikoanalyse eine Wissenschaft zu machen, so daß die Sicherheit von Kernkraftwerken mittels objektiver Maßstäbe ausgedrückt werden kann, verschleiert die zugrunde liegenden politischen Konflikte und vermittelt zudem eine irreführende Vorstellung von der Präzision, mit der Prognosen möglich sind.

Viele einflußreiche, aber nicht fundierte Ideologien unserer Zeit führen zu einer Ausweitung der Wissenschaft weit über ihre legitimen Grenzen hinaus. Dabei werden gesellschaftliche und politische Problemstellungen so analysiert, als ob sie wissenschaftlicher Art wären, und „Lösungen" werden auf eine Weise präsentiert, welche die gesellschaftlichen und politischen Aspekte verschleiert, um die es dabei geht. So gibt es zum Beispiel ungerechtfertigte Ausweitungen der Biologie und Evolutionstheorie, und zwar in Form des Sozialdarwinismus und der Soziobiologie, die zur Erklärung gesellschaftlicher Phänomene aufgestellt werden, wobei sie die politische Realität verschleiern und zur Rechtfertigung verschiedener Arten von Unterdrückung beitragen wie der Unterdrückung der Armen, der Frauen oder von ethnischen Minderheiten. In letzter Zeit ist zudem eine zunehmende Tendenz zu beobachten, gesellschaftliche Belange zu ökonomischen zu reduzieren, die dann im Rahmen einer Pseudowirtschaftswissenschaft behandelt werden. Die Untersuchung dieser wichtigen Fragen sprengten jedoch den Rahmen dieses Buches. Eine Grundvoraussetzung für den adäquaten Umgang mit diesen Problemen ist ein angemessenes Verständnis vom Wesen der Wissenschaft, von dem, was sie zu leisten imstande ist, und von ihren Grenzen.

Ich bin bei weitem nicht der einzige, der die gegenwärtigen gesellschaftlichen Trends mit Bestürzung und Besorgnis zur Kenntnis nimmt. Die Kluft zwischen Arm und Reich, Industrie- und Entwicklungsländern wird immer größer, unsere Umwelt ist zerstört, und die Vernichtung droht. Wir sehen uns drängenden und lebenswichtigen gesellschaftlichen und politischen Problemen gegenüber. In dieser Situation ist es meiner Meinung nach kaum hilfreich, Wissenschaft als eine Verschwörung der kapitalistischen männlichen Gesellschaft oder als nicht unterscheidbar von schwarzer Magie oder dem Voodookult zu konstruieren.

Literaturverzeichnis

Albury, D. & Schwartz, J. (1982). Partial Progress: The Politics of Science and Technology. London: Pluto Press.

Albury, R. (1983). The Politics of Objectivity. Victoria: Deakin University Press.

Althusser, L. (1968). Für Marx. Frankfurt/Main.: Suhrkamp.

Aristoteles (1998). Erste Analytik. Zweite Analytik (Organon Bd. 3/4). Herausgabe und Übersetzung, mit einer Einleitung und Anmerkungen versehen von H.G. Zekl. Hamburg: Felix Meiner

Armstrong, D. M. (1973). Belief, Truth and Knowledge. Cambridge: Cambridge University Press.

Bacon F. (1990). Neues Organon, Teilband I. Hamburg: Felix Meiner.

Barnes, B. (1977). Interests and the Growth of Knowledge. London: Routledge & Kegan Paul.

Barnes, B. & Bloor, D. (1982). Relativism, Rationalism and the Sociology of Knowledge. In: M. Hollis & S. Lukes (Hrsg.), Rationality and Relativism. Oxford: Basil Blackwell.

Barnes, B. & Mackenzie, D. (1979). On the Role of Interests in Scientific Change. In: R. Wallis (Hrsg.), On the Margins of Science: The Social Construction of Rejected Knowledge. Keele: University of Keele Press, 139-178.

Barnes, J. (1975). Aristotle's Theory of Demonstration. In: J. Barnes, M. Schofield & R. Sorabij (Hrsg.), Articles on Aristotle, I: Science. London: Duckworth.

Bartels, D. & Johnston, R. (1984). The Sociology of Goal-Directed Science: Recombinant DNA Research. Metascience, 1/2: 37-45.

Bhaskar, R. (1978). A Realist Theory of Science. Hassocks: Harvester.

Block, I. (1961). Truth and Error in Aristotle's Theory of Perception. Philosophical Quarterly, 11: 1-9.

Bloor, D. (1976). Knowledge and Social Imagery. London: Routledge and Kegan Paul.

Bloor, D. (1981). The Strengths of the Strong Programme. Philosophy of Social Science, 11: 173-198.

Bloor, D. (1982). Durkheim and Mauss Revisited: Classification and the Sociology of Knowledge. Studies in History and Philosophy of Science, 13: 267-297.

Bock, J. W. (1973). Philosophical Foundations of Classical Evolutionary Classification. Systematic Zoology, 22: 375-392.

Chalmers, A. F. (1973). The Limitations of Maxwell's Electromagnetic Theory. Isis, 64: 469-483.

Chalmers, A. F. (1975). The Extraordinary Prehistory of the Law of Refraction. The Australian Physicist, 12: 85-108.

Chalmers, A. F. (1979). Towards an Objectivist Account of Theory Change. British Journal for the Philosophy of Science, 30: 227-233.

Chalmers, A. F. (1980). An Improvement and a Critique of Lakatos's Methodology of Scientific Research Programmes. Methodology and Science, 13: 2-27.

Chalmers, A. F. (1984). A Non-Empiricist Account of Experiment. Methodology and Science, 17: 95-114.

Chalmers, A. F. (1985a). The Case against a Universal Ahistorical Scientific Method. Bulletin of Science, Technology and Society, 5: 555-567.

Chalmers, A. F. (1985b). Galileo's Telescopic Observations of Venus and Mars. British Journal of the Philosophy of Science, 36: 175-191.

Chalmers, A. F. (1986). The Galileo that Feyerabend Missed: An Improved Case Against Method. In: J. A. Schuster & R. A. Yeo (Hrsg.), The Politics and Rhetoric of Scientific Method. Dordrecht: Reidel, 1-31.

Chalmers, A. F. (1988). The Sociology of Knowledge and the Epistemological Status of Science. Thesis Eleven, 21: 82-102.

Chalmers, A. F. (1999). Wege der Wissenschaft. Einführung in die Wissenschaftstheorie. Hrsg. und übersetzt von N. Bergemann & J. Prümper. Heidelberg, New York, London, Paris, Tokyo, Hong Kong: Springer. 4. Auflage.

Clavelin, M. (1974). The Natural Philosophy of Galileo. Cambridge, Massachusetts: M.I.T. Press.

Collier, A. (1979). In Defence of Epistemology. In: J. Mephem & D.-H. Ruben (Hrsg.), Issues in Marxist Philosophy, Bd. 3: Epistemology, Science, Ideology. Hassocks: Harvester, 55-106.

Collins, H. M. (1981). Son of Seven Sexes: The Social Destruction of a Physical Phenemenon. Social Studies of Science, 9: 33-62.

Collins, H. M. (1983). An Empirical Relativist Programme in the Sociology of Scientific Knowledge. In: K. D. Knorr-Cetina & M. Mulkay (Hrsg.), Science Observed: Perspective in the Social Study of Science. London: Sage.

Collins, H. M. (1985). Changing Order: Replication and Induction in Scientific Practice. London: Sage.

Collins, H. M. & Cox, G. (1976). Recovering Relativity: Did Prophecy Fail? Social Studies of Science, 6: 423-444.

Descartes, René (1986). Ausgewählte Schriften. Hrsg. von I. Frenzel. Frankfurt/M.: Fischer.

Drake, S. (1957). Discoveries and Opinions of Galileo. New York: Doubleday Anchor.

Drake, S. (1973). Galileo's Experimental Confirmation of Horizontal Inertia. Isis, 64: 291-305.

Drake, S. (1978). Galileo at Work. Chicago: University of Chicago Press.

Drake, S. (1983). Telescopes, Tides and Tactics. Chicago: University of Chicago Press.

Edge, D. O. & Mulkay, M. J. (1976). Astronomy Transformed. New York: Wiley Interscience.

Feyerabend, P. K. (1976). On the Critique of Scientific Reason. In: C. Howson (Hrsg.), Method and Appraisal in the Physical Sciences. Cambridge: Cambridge University Press, 309-339.

Feyerabend, P. K. (1978). Zur Interpretation wissenschaftlicher Theorien. In: P. K. Feyerabend, Der wissenschaftstheoretische Realismus und die Autorität der Wissenschaften. Ausgewählte Schriften, Band I. Braunschweig, Wiesbaden: Vieweg, 34-39.

Feyerabend, P. K. (1983). Wider den Methodenzwang. Frankfurt/Main: Suhrkamp, veränderte Ausgabe.

Feyerabend, P. K. (1989). Irrwege der Vernunft. Frankfurt/Main: Suhrkamp.

Freudenthal, G. (1982). Atom und Individuum im Zeitalter Newtons. Zur Genese der mechanistischen Natur- und Sozialphilosophie. Frankfurt/Main: Suhrkamp.

Gaffney, E. S. (1979). An Introduction to the Logic of Phylogeny Reconstruction. In: J. Cracraft & N. Eldredge (Hrsg.), Phylogenetic Anaysis and Paleontology. New York: Columbia University Press, 79-111.

Galilei, Galileo (1960). On Motion and On Mechanics. In der Übersetzung ins Englische von Stillman Drake. Madison: University of Wisconsin Press.

Galilei, Galileo (1982). Dialog über die beiden hauptsächlichsten Weltsysteme, das ptolemäische und das kopernikanische. Aus dem Italienischen von E. Strauss. Mit einem Beitrag von Albert Einstein und einem Vorwort von Stillman Drake. Nach der Ausgabe von 1891, hrsg. von R. Sexl & K. v. Meyenn. Stuttgart: Teubner.

Galilei, Galileo (1987). Sternenbotschaft. In: A. Mudry (Hrsg.), Galileo Galilei. Schriften, Briefe, Dokumente, 2 Bde., München: C. H. Beck.

Galilei, Galileo (1987). Unterredungen und mathematische Demonstrationen über zwei neue Wissenszweige, die Mechanik und die Fallgesetze betreffend. In: A. Mudry (Hrsg.), Galileo Galilei. Schriften, Briefe, Dokumente, 2 Bde., München: C. H. Beck.

Gaukroger, S. (1978). Explanatory Structures. Hassocks: Harvester.

Geymonat, L. (1965). Galileo Galilei. New York: McGraw-Hill.

Gower, B. (1988). Chalmers on Method. British Journal for the Philosophy of Science, 39: 59-65.

126

Hacking, I. (1996). Einführung in die Philosophie der Naturwissenschaften. Stuttgart: Reclam

Hanfling, O. (1981). Logical Positivism. Oxford: Basil Blackwell.

Hanson, N. R. (1958). Patterns of Discovery. Cambridge: Cambridge University Press.

Hanson, N. R. (1969). Perception and Discovery. San Francisco: Freeman & Cooper.

Hertz, H. (1894). Gesammelte Werke, Bd. II: Untersuchungen über die Ausbreitung der elektrischen Kraft. Leipzig: Barth.

Hiebert, E. (1988). The Role of Experiment and Theory in the Development of Nuclear Physics. In: D. Batens & J. P. Van Bendegem (Hrsg.), Theory and Experiment: Recent Insights and New Perspectives on Their Relation. Dordrecht: Reidel.

Hon, G. (1987). H. Hertz: „The electrostatic and electromagnetic properties of the cathode rays are either nil or very feeble" (1883). A Case-study of an Experimental Error. Studies in History and Philosophy of Science, 18: 367-382.

Howson, C. (Hrsg.) (1976). Method and Appraisal in the Physical Sciences. Cambridge: Cambridge University Press.

Hume, D. (1904). Traktat über die menschliche Natur. Hamburg, Leipzig: Voss.

Jacob, M. C. (1976). The Newtonians and the English Revolution 1689-1720. Ithaca: Cornell University Press.

Knorr-Cetina, K. D. (1983). The Ethnographic Study of Scientific Work: Towards a Constructivist Interpretation of Science. In: K. D. Knorr-Cetina & M. Mulkay (Hrsg.), Science Observed: Perspective in the Social Study of Science. London: Sage, 115-140

Knorr-Cetina, K. D. (1984). Die Fabrikation von Erkenntnis. Frankfurt/Main: Suhrkamp.

Knorr-Cetina, K. D. & Mulkay, M. (Hrsg.) (1983). Science Observed: Perspective in the Social Study of Science. London: Sage.

Koertge, N. (1977). Galileo and the Problem of Accidents. Journal of the History of Ideas, 38: 389-408.

Kuhn, T. S. (1977a). Mathematische versus experimentelle Traditionen in der Entwicklung der physikalischen Wissenschaften. In: T. S. Kuhn: Die Entstehung des Neuen: Studien zur Struktur der Wissenschaftsgeschichte. Frankfurt/Main: Suhrkamp.

Kuhn, T. S. (1977b). Objektivität, Werturteil und Theoriewahl. In: T. S. Kuhn: Die Entstehung des Neuen: Studien zur Struktur der Wissenschaftsgeschichte. Frankfurt/Main: Suhrkamp.

Kuhn, T. S. (1979). Die Struktur wissenschaftlicher Revolutionen. (2., revidierte und um das Postskriptum von 1969 ergänzte Auflage). Frankfurt/Main: Suhrkamp.

Kuhn, T. S. (1981). Die kopernikanische Revolution. Braunschweig, Wiesbaden: Vieweg.

Lakatos, I. (1974). Falsifikation und die Methodologie wissenschaftlicher Forschungsprogramme. In: I. Lakatos & A. Musgrave (Hrsg.), Kritik und Erkenntnisfortschritt. Braunschweig, Wiesbaden: Vieweg, 89-189.

Lakatos, I. (1982a). Wissenschaft und Pseudowissenschaft. In: J. Worrall & G. Currie (Hrsg.), Imre Lakatos: Philosophische Schriften, Bd. 1. Braunschweig, Wiesbaden: Vieweg, 1-6.

Lakatos, I. (1982b). Die Geschichte der Wissenschaft und ihre rationalen Rekonstruktionen. In: J. Worrall & G. Currie (Hrsg.), I. Lakatos: Philosophische Schriften, Bd. 1. Braunschweig, Wiesbaden: Vieweg, 108-148.

Lakatos, I. (1982c). Wandlungen des Problems der induktiven Logik. In: J. Worrall & G. Currie (Hrsg.), Imre Lakatos: Philosophische Schriften, Bd. 2. Braunschweig, Wiesbaden, 124-195.

Lakatos, I. (1982d). Newtons Wirkung auf die Kriterien der Wissenschaflichkeit. In: J. Worrall & G. Currie (Hrsg.), Imre Lakatos: Philosophische Schriften, Bd. 1. Braunschweig, Wiesbaden: Vieweg, 209-240.

Lakatos, I. & Musgrave A. (Hrsg.) (1974). Kritik und Erkenntnisfortschritt. Braunschweig: Vieweg.

Latour, B. (1987). Science in Action. Milton Keynes: Open University Press.

Latour, B. & Woolgar, S. (1979). Laboratory Life: The Social Construction of Scientific Facts. London: Sage.

Laudan, L. (1977). Progress and ist Problems: Towards a Theory of Scientific Growth. London: Routledge and Kegan Paul.

Laudan, L. (1981). The Pseudo-Science of Science? Philosophy of Social Science, 11: 173-198

Laudan, L. (1984). Science and Values: The Aims of Science and Their Role in Scientific Debate. Berkeley: University of California Press.

Locke, J. (1913). Versuch über den menschlichen Verstand. Erster Band (Buch I und II). Leipzig: Felix Meiner.

Lowe, I. (1987). Measurement and Objectivity: Some Problems of Energy and Technology. In: J. Forge (Hrsg.), Measurement, Realism and Objectivity. Dordrecht, Reidel.

Mackenzie, D. (1978). Statistical Theory and Social Interests: A Case Study. Social Studies of Science, 8: 35-83.

Mackenzie, D. (1981). Statistics in Brittain: 1865-1930. Edinburgh: Edinburgh University Press

Maxwell, J.C. (1965). Illustrations of the Dynamical Theory of Gases. In: W. D. Niven (Hrsg.), The Scientific Papers of James Clerk Maxwell, Bd. 1. New York: Dover, 377-409.

Merton, R. K. (1988). Entwicklung und Wandel von Forschungsinteressen. Aufsätze zur Wissenschaftssoziologie. Frankfurt/Main: Suhrkamp.

Mulkay, M. (1979). Science and the Sociology of Knowledge. London: Allen & Unwin.

Musgrave, A. E. (1974a). The Objectivism of Popper's Epistemology. In: P. A. Schilpp (Hrsg.), The Philosophy of Karl Popper. La Salle, Ill.: Open Court, 560-596.

Musgrave, A. E. (1974b). Logical versus Historical Theories of Confirmation. British Journal for the Philosophy of Science, 25: 1-23

Nickles, T. (1987). Lakatosian Heuristics and Epistemic Support. British Journal for the Philosophy of Science, 38: 181-205.

Pickering, A. (1981). The Hunting of the Quark. Isis, 72: 216-236.

Popper, K. R. (1984). Objektive Erkenntnis. Ein evolutionärer Entwurf. Hamburg: Hoffmann & Campe.

Popper, K. R. (1974) Die Normalwissenschaft und ihre Gefahren. In: I. Lakatos & A. Musgrave (Hrsg.), Kritik und Erkenntnisfortschritt. Braunschweig, Wiesbaden: Vieweg, 51-57.

Popper, K. R. (1987). Das Elend des Historizismus. Tübingen: Mohr, 5., verb. Auflage.

Popper, K. R. (1992). Die offene Gesellschaft und ihre Feinde, Bd. 2: Falsche Propheten. Hegel, Marx und die Folgen. Tübingen: J.C.B. Mohr (Paul Siebeck), 7. Auflage.

Popper, K. R. (1983). Realism and the Aim of Science. From the Postscript to the Logic of Scientific Discovery. London, Melbourne, Sydney, Auckland, Johannesburg: Hutchinson.

Popper, K. R. (1994). Die Logik der Forschung. Tübingen: Mohr (1. Aufl. 1934), 10., weiter verbesserte Auflage.

Porter, T. M. (1981). A Statistical Survey of Gases: Maxwell's Social Physics. Historical Studies in the Physical Sciences, 12: 77-116.

Price, D. J. de S. (1969). A Critical Re-estimation of the Mathematical Planetary Theory of Ptolemy. In: M. Clagett (Hrsg.), Critical Problems in the History of Science. Madison: University of Wisconsin Press, 197-218.

Rorty, R. (1981). Der Spiegel der Natur. Eine Kritik der Philosophie. Frankfurt/Main: Suhrkamp.

Sarton, G. (1965). Das Studium der Geschichte der Naturwissenschaften. Frankfurt/Main: Klostermann.

Shapin, S. (1982). History of Science and its Sociological Reconstruction. History of Science, 20: 157-211.

Shea, W. R. (1972). Galilei's Intellectual Revolution. London: Macmillan

Suchting, W. (1983). Knowledge and Practice: Towards a Marxist Critique of Traditional Epistemology. Science and Society, 44: 2-36.

Theocharis, T. & Psimopoulos, M. (1987). Where Science Has Gone Wrong. Nature, 329: 595-598.

Thomson, W. & Tait, P. G. (1879). Handbuch der theoretischen Physik. Braunschweig: Vieweg.

Thurber, J. (1933). My Life and Hard Times. New York: Harper & Brothers.

Tiles, M. (1984). Bachelard: Science and Objectivity. Cambridge: Cambridge University Press.

Turnbull, D. (1984). Relativism, Reflexivity and the Sociology of Scientific Knowledge. Metascience, 1/2: 47-60.

Wallace, W. (1974). Theodoric of Freiberg: On the Rainbow. In: E. Grant (Hrsg.), A Source Book in Medieval Science. Cambridge, Mass.: Harvard University Press.

Wallace, W. (1981). Prelude to Galileo. Dordrecht: Reidel.

Watkins, J. (1985). Science and Scepticism. Princeton, NJ: Princeton University Press.

Wisan, W. L. (1978). Galileo's Scientific Method: A Reconstruction. In: R. E. Butts & J. C. Pitt (Hrsg.), New Perspectives on Galileo. Dordrecht: Reidel, 1-57.

Woolgar, S. (1981). Interests and Explanation in the Social Study of Science. Social Studies of Science, 11: 365-394.

Woollett, E. L. (1980). Physics and Modern Welfare: The Awkward Silence. American Journal of Physics, 48: 104-111.

Worrall, J. (1976). Thomas Young and the „Refutation" of Newtonian Optics: A Case-study in the Interaction of Philosophy of Science and History of Science. In: C. Howson (Hrsg.), Method and Appraisal in the Physical Sciences. Cambridge: Cambridge University Press, 107-179.

Worrall, J. (1988). The Value of a Fixed Methodology. British Journal for the Philosophy of Science, 39: 263-275.

Worrall, J. & Currie, G. (Hrsg.) (1982). Imre Lakatos: Philosophische Schriften Bd. 1: Die Methodologie der wissenschaftlichen Forschungsprogramme. Braunschweig, Wiesbaden: Vieweg.

Worrall, J. & Currie, G.: (Hrsg.) (1982). Imre Lakatos: Philosophische Schriften Bd. 2: Mathematik, empirische Wissenschaft und Erkenntnistheorie. Braunschweig, Wiesbaden: Vieweg.

Yearley, S. (1982). The Relationship between Epistemological and Sociological Cognitive Interests: Some Ambiguities Underlying the Use of Interest Theory in the Study of Scientific Knowledge. Studies in History and Philosophy of Science, 13: 353-388.

Young, R. (1969). Malthus and the Evolutionists: The Common Context of Biological and Social Theory. Past and Present, 43: 109-141.

Young, R. (1971). Darwin's Metaphor: Does Nature Select? The Monist, 55: 42-503.

Personenverzeichnis

132

Sachregister

136

138

Druck: Strauss Offsetdruck, Mörlenbach
Verarbeitung: Schäffer, Grünstadt